氮杂碳纳米材料
催化氧还原反应
机理及性能研究

张静 著

Catalysis of Oxygen Reduction Reaction by
Nitrogen-Doped Carbon Nanomaterials
Mechanism and Performance Study

化学工业出版社

·北京·

内容简介

本书以氮杂碳纳米材料催化燃料电池阴极氧还原反应为主线，主要采用量子化学密度泛函理论计算方法，构建了含不同过渡金属、不同类型氮、不同氮配位数的氮杂石墨烯模型，在电子-分子水平上研究了各种结构催化剂氧还原反应的催化机理和催化性能，全面分析了可能的氧还原反应机理，计算了中间涉及的所有可能的基元反应的反应能和活化能，通过比较活化能得到一条能量最低反应通道，并找到该通道的决速步骤等，获得了体系详细的动力学和热力学数据。本书旨在研究各种不同因素对催化剂氧还原反应催化性能的影响，揭示催化剂结构与催化性能之间的构效关系。

本书具有较强的技术性、针对性和专业性，可供从事电化学催化剂研究的科研人员和技术人员参考，也供高等学校化学工程、材料工程、能源工程及相关专业师生参阅。

图书在版编目（CIP）数据

氮杂碳纳米材料催化氧还原反应：机理及性能研究/
张静著. —北京：化学工业出版社，2023.9
ISBN 978-7-122-44141-6

Ⅰ.①氮… Ⅱ.①张… Ⅲ.①纳米材料-电催化-氧化
还原反应-研究 Ⅳ.①TB383

中国国家版本馆CIP数据核字（2023）第168736号

责任编辑：刘　婧　刘兴春　　　　　　文字编辑：苏红梅　师明远
责任校对：杜杏然　　　　　　　　　　装帧设计：孙　沁

出版发行：化学工业出版社（北京市东城区青年湖南街13号　邮政编码100011）
印　　装：北京天宇星印刷厂
710mm×1000mm　1/16　印张12½　字数196千字　2023年11月北京第1版第1次印刷

购书咨询：010-64518888　　　　　　　　　售后服务：010-64518899
网　　址：http://www.cip.com.cn
凡购买本书，如有缺损质量问题，本社销售中心负责调换。

定　　价：138.00元

前　言

　　碳纳米材料的独特结构使得它具有优良的力学、化学、光学、电学以及磁学性能，而当把氮原子引入 sp^2 杂化的碳框架结构中，其孤对电子与石墨烯片层的离域 π 电子相互作用，赋予了氮杂碳纳米材料在化学催化、储能、场发射效应、传感效应等方面不同于传统碳纳米材料的独特性能。近期研究表明氮杂碳纳米材料作为一种价格低廉的催化剂在燃料电池阴极氧还原反应中表现出较高的催化活性，但其催化性能比传统的铂基催化剂要低。要想减小其与铂基催化剂性能的差距，就要从本质上了解氮杂碳纳米材料催化氧还原反应的催化机理。

　　本书采用密度泛函理论计算方法，构建了含不同过渡金属、不同类型氮、不同氮配位数的氮杂石墨烯模型，在电子 - 分子水平上研究了各种结构催化剂氧还原反应的催化机理和催化性能，获得了详细的动力学和热力学数据，全面分析了可能的氧还原反应机理，计算了中间涉及的所有可能的基元反应的反应能和活化能，通过比较活化能得到一条能量最低反应通道，并找到该通道的决速步骤等。具体研究内容如下。

　　首先，研究了含过渡金属 Fe 的氮杂石墨烯 FeN$_x$-G 上的氧还原反应机理。通过调变与中心 Fe 配位的 N 原子的类型（类石墨型、吡啶型、吡咯型）和数量（x=2,3,4）来考察影响催化剂性能的关键因素。对各种结构催化剂的催化性能进行了对比，通过比较不同催化剂模型上各反应中间产物的吸附及各基元步骤的反应能、活化能和吉布斯自由能变，直观地展现了不同类型和数量的 N 原子对催化氧还原反应性能的影响。

　　其次，研究了含过渡金属 Co 的氮杂石墨烯 CoN$_x$-G 上的氧还原反应机理和催化性能，其中与 Co 配位的 N 原子的类型为吡啶型和吡咯型，N 原子的数量为 2 和 4，并与 FeN$_x$-G 结构催化剂上氧还原反应的活性和四电子选择性进行了对比。通过比较不同催化剂模型上能量最低反应路径的决速步骤活化能以及热力学上反应能够自发进行的最高电极电势，从动力学和热力学两个方面的数据展现了不同的过渡金属对催化氧还原反应性能的影响。

　　最后，研究了在不含过渡金属的类石墨型氮杂石墨烯催化剂上氧还原反应的催化性能，重点考察没有了过渡金属，氮杂石墨烯是否还具有氧还原催化活性。

　　本书是著者在广泛收集国内外参考文献，总结自己研究成果的基础上，经过系统分析整理而成的。书中内容大部分是著者在读博士期间和参加工作后发表的学术论文。在此，衷心感谢著者博士期间导师朱珍平研究员和同门师弟王志坚副研究员的帮助。感谢山西省基础研究计划项目（项目编号：20210302123214）和煤矸石高值利用山西省重点实验室的支持，对本书所列参考文献的作者表示衷心的感谢，对给予工作支持的太原科技大学化学工程与技术学院的领导和同事们表示感谢。

　　限于著者水平及撰写时间，书中难免有不足和疏漏之处，敬请广大读者见谅并批评指正，在此表示衷心感谢。

著　者

2023 年 2 月

目 录

第7章 CoN$_2$-G结构催化剂性能研究 / 153

第8章 氮杂石墨烯催化剂性能研究 / 180

第**1**章 绪论

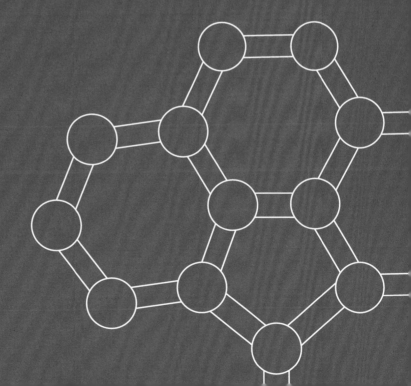

1.1 燃料电池

　　燃料电池是一种很有发展潜力的能量转换装置，可将燃料的化学能直接转化为电能。由于该过程中不涉及燃料的燃烧，不受卡诺循环的影响，能量转化率可高达50%。若把产生的热量加以回收利用，综合效率能达到80%。燃料电池在发电过程中，使用的机械部件少，运行噪声低。另外，燃料电池中最常使用的燃料是氢气，反应的产物主要是水等洁净的气体，不会污染环境，可实现低排放甚至是"零排放"。在我国努力实现"双碳"目标的今天，燃料电池的这个优点使其得到了广泛关注。除氢气以外，还有很多原料可以作为燃料电池的燃料来源，如煤气、碳、甲醇、天然气和液化燃料、沼气甚至是木柴。这样根据各个地方的实际情况，使用不同的原料作为燃料电池的燃料，广开燃料来源将在很大程度上缓解能源紧张问题。燃料电池的诸多优点，使其成为学术和技术领域关注的焦点。

　　早在1839年，英国物理学家Grove首次提出了燃料电池的概念。但直到20世纪50年代燃料电池应用才有了实质性的进展。到60年代，燃料电池成功地应用于阿波罗宇宙飞船，为探测器、太空舱和人造卫星提供电力。由于燃料电池的运行成本高而且反应系统比较复杂，其还仅用于一些特殊用途，如飞船、潜艇、军舰等。但燃料电池的市场也正在逐渐增长。2001年世界上第一个生产燃料电池的工厂由Ballard公司建成。之后，以燃料电池为动力的汽车被许多公司相继开发出来。

　　燃料电池的种类很多。依据工作的温度范围，燃料电池可以分为高温、中温、低温型燃料电池三类。按照燃料来源的不同，燃料电池可分为直接式（如直接用甲醇的燃料电池）和间接式燃料电池（如先将甲醇通过重整器生成氢气，之后再以氢气作为电池燃料）以及再生类型电池。根据电解质的不同，还可将燃料电池分为碱性燃料电池（AFC）、质子交换膜燃料电池（PEMFC）、熔融碳酸盐燃料电池（MCFC）、磷酸型燃料电池（PAFC）及固体氧化物燃料电池（SOFC）等。

　　目前燃料电池研究的重点在于降低输出电流的成本，提高使用寿命和功率密度以满足日益增长的能量需求[1]。这一问题的解决很大程度上取决于对燃料电池催化剂的研究。以质子交换膜燃料电池为例，阴极的氧还原反应速率相对于阳极的氢氧化反应速率要小得多，是个动力学慢反应，直接影响了燃料电池的能量转化效率[2-4]。因此，当务之急是寻找效率高而且稳定的材料作为燃料电池阴极催化剂。

1.1.1 阴极氧还原反应

发生在燃料电池阴极的氧还原反应（ORR）是一个多电子反应，有两种可能的反应路径：一是转移两个电子生成过氧化氢（H_2O_2），过氧化氢再继续被还原生成水，称为二电子路径；另一种是直接转移四个电子生成水（H_2O），称为四电子路径。为了提高燃料电池的工作效率，氧还原反应最好沿四电子反应路径进行。在酸性和碱性介质中，二电子和四电子的反应路径如式（1-1）～式（1-6）所示：

酸性溶液 $O_2 + 4H^+ + 4e^- \longrightarrow 2H_2O$ （1-1）

$O_2 + 2H^+ + 2e^- \longrightarrow H_2O_2$ （1-2）

$H_2O_2 + 2H^+ + 2e^- \longrightarrow 2H_2O$ （1-3）

碱性溶液 $O_2 + 2H_2O + 4e^- \longrightarrow 4OH^-$ （1-4）

$O_2 + H_2O + 2e^- \longrightarrow OH^- + HO_2^-$ （1-5）

$HO_2^- + H_2O + 2e^- \longrightarrow 3OH^-$ （1-6）

目前提出的氧还原反应有两种不同的机理。以酸性介质的燃料电池为例，一是联合机理，具体的反应路径有：

$O_2 + * \longrightarrow O_2{}_{(ads)}$ （1-7）

$O_2{}_{(ads)} + H^+ + e^- \longrightarrow OOH_{(ads)}$ （1-8）

$OOH_{(ads)} \longrightarrow O_{(ads)} + OH_{(ads)}$ （1-9）

$O_{(ads)} + H^+ + e^- \longrightarrow OH_{(ads)}$ （1-10）

$OH_{(ads)} + H^+ + e^- \longrightarrow H_2O_{(ads)}$ （1-11）

式中，* 表示催化剂表面的活性位；下标（ads）表示吸附在活性位上的吸附态。另外，生成的 $OOH_{(ads)}$ 基团除了可以如方程式（1-9）发生直接解离反应外，还可以发生如式（1-12）~式（1-14）所示的反应。反应路径如式（1-14）所示，生成的是 H_2O_2，如果生成的 H_2O_2 能继续发生反应如式（1-15）所示，那就是四电子反应路径，否则就是二电子反应路径。

$$OOH_{(ads)} +H^+ +e^- \longrightarrow H_2O_{(ads)} +O_{(ads)} \tag{1-12}$$
$$OOH_{(ads)} +H^+ +e^- \longrightarrow 2OH_{(ads)} \tag{1-13}$$
$$OOH_{(ads)} +H^+ +e^- \longrightarrow H_2O_{2(ads)} \tag{1-14}$$
$$H_2O_{2(ads)} \longrightarrow 2OH_{(ads)} \tag{1-15}$$

另外一种机理是解离机理，O_2 分子吸附在表面后首先发生的是氧分子的解离，如反应式（1-16）所示。然后再发生式（1-10）和式（1-11）的反应。

$$O_{2(ads)} \longrightarrow 2O_{(ads)} \tag{1-16}$$

在不同的催化剂上 ORR 的催化机理会有所不同。毫无疑问，如果人们深入了解了催化剂活性中心的本质、结构和反应机理，那么在实验上就可以相应地调整催化剂的合成路线和方法以获得催化活性和稳定性更好的催化剂。

1.1.2 阴极氧还原反应催化剂

1.1.2.1 ORR催化剂分类

目前使用的阴极催化剂主要是铂基催化剂，但这种催化剂有它自身无法克服的缺点，一方面铂的价格昂贵，资源缺乏，而且该催化剂会随着时间推进、电池反应的进行而逐渐减少[5-7]；另一方面，铂基催化剂容易中毒，生成稳定的 Pt—O 或 Pt—OH 基团，使其不能循环使用。价格和稳定性两方面的缺陷使得铂基催化剂很难大规模地应用于燃料电池。因此，研发成本能够大大降低和 / 或替代价格昂贵的 Pt 基催化剂的新型催化材料无疑是实现燃料电池规模化应用的重要途径之一。近年来，很多研究致力于降低催化剂的成本和改善其性能，但都没有实质性进展。

目前降低催化剂成本的方法有两种：一是改善铂基催化剂的性能；二

是开发非贵金属催化剂。就目前的工艺技术来看，Pt 和 Pt 合金仍然是加速燃料电池阴极氧还原反应最好的催化剂。尽管很多研究是关于发展非铂基催化剂的，但目前还没有找到合适的替代铂基的催化剂可以用于大规模的商业生产和应用。

1.1.2.2 金属与贵金属ORR催化剂

在过去的几十年里，对铂基催化剂的改善主要倾向于：a. 避免它们的缺点，如在燃料电池的工作环境下它们的使用寿命很短；b. 在保证效率的前提下降低催化剂的使用量 [2,3]。具体采取的方法主要有以下几种。

（1）调节 Pt 纳米颗粒的形状

氧还原反应催化剂是以各种碳材料作为载体的 Pt 纳米颗粒 [8-10]。然而典型的纳米颗粒形态有很多的缺陷，这些缺陷使得表面原子发生氧化从而减缓了在燃料电池中的反应动力学速率，同时降低了催化剂的稳定性，影响了其使用寿命 [11,12]。实验发现可以通过控制纳米催化剂的形状来克服这些缺点。因此合成新的纳米结构的材料以及优化现有的铂纳米颗粒催化剂成为研究的一个热点 [13,14]。相较于球形和立方体形的铂纳米颗粒，六角形的 Pt 纳米颗粒由于具有（111）和（100）微面而表现出了非常好的氧还原催化活性 [15]。

（2）减少铂负载量

将铂单层负载在合适的金属纳米颗粒上，从而减少铂的使用量 [16,17]。高效的铂单层催化剂可以通过使用一种比较新颖的方法微调铂单层与底物之间的相互作用来获得，如用退火隔离的 Pd_3Fe（111）单晶合金作为底物，这种材料的催化活性比纯 Pt（111）或铂单层 / 退火的 Pd（111）的催化活性要好 [18]。另外一种改善路径是使用一种混合的单层材料，其中包含铂和另一种金属（Ir，Ru，Rh，Pd，Au，Re，Os 等）。这样既提高了催化活性同时又降低了铂的使用量。这种双金属的单层材料改变了铂的电子结构从而提高了它的催化活性。好的催化活性主要源于吸附在铂上的 OH 基与吸附在相邻过渡金属原子上的 OH 或者 O 基之间存在相互排斥力，从而降低了 OH 基的覆盖度。当 OH 基主要吸附在第二种金属上时，氧分子在铂上的还原反应就趋向于四电子过程 [19,20]。

（3）增大 Pt 的活性面

一维的铂纳米结构如纳米线、纳米管 [21-24] 吸引了人们的注意。这是由于一维结构的材料具有好的电子传输特性和一些其他的特征，如高的比表面积、比较少的晶界、长的平滑晶面，以及少量的表面缺陷位[25-27]。超薄 Pt 纳米线将材料的表面积与体积的比例最大化，减少了没有活性的底物数量。多孔的三维 Pt 纳米结构也提供了高的表面与体积比以及低的铂使用量。因此，三维纳米网状结构的 Pt 纳米催化剂表现出非常好的催化活性[28]。若把一维铂纳米线组装在三维的铂结构上将展现出一个放大的活性表面积。这些 Pt 纳米结构可以进一步组装形成更为复杂的分级纳米结构[29,30]。一定形状和组成比例的三维 PdPt 核-壳纳米结构展现了比纯 Pt、Pd 以及其他的 PdPt 纳米结构更高更稳定的电化学活性[31,32]。

对铂基催化剂的改善虽然很大程度上减少了 Pt 的使用量，但 Pt 的使用成本仍然是燃料电池成本的主要组成部分。短期来看，含少量 Pt 的催化剂是比较实用的，是会被优先考虑的催化剂。但从长远来看，使用非贵金属催化剂或不含金属的催化剂才是实现燃料电池商业化的最终办法。

1.1.2.3 非金属及非贵金属催化剂

一种长期的解决燃料电池催化剂问题的方法就是研究非贵金属材料或不含金属的材料作为阴极催化剂。很多种非贵金属和不含金属的催化剂引起了人们的注意，已制备出一些性能比较接近铂基催化剂的新催化剂，如不含贵金属的含杂原子的高分子材料[33]、经热解的金属卟啉（钴和铁卟啉被看作是最有希望的前驱体）[34]，以及有生物活性的材料[35]。这些材料有高的氧还原活性，同时还表现了良好的稳定性，有望成为氧还原反应的催化剂。其中各种以碳为载体的过渡金属大环化合物由于具有很好的催化活性和选择性成为人们关注的焦点。这类催化剂通常对醇类氧化反应表现出惰性，对氧还原反应有很好的选择性，大部分催化剂使 ORR 沿四电子路径反应生成 H_2O。

自从 Jasinski[36] 第一次报道了金属 $-N_4$ 螯合物如钴酞菁的氧还原催化活性后，过渡金属卟啉和酞菁等作为燃料电池阴极催化剂已得到广泛研究[37-47]。但后来发现这种结构的催化剂在酸性环境下很不稳定，很难被应用于实际的燃料电池。到了 20 世纪 70 年代，人们发现对这些大环物质进行退火处理可以使它们的氧还原电流密度提高几个数量级，同时稳定性也得到了提升[48,49]，而且即使金属中心没有与大环化合物键合，在热处理之后依然能达到较高的催化活性[50]。Gupta 等[51] 首次不使用含氮的大环化合物作为氮源合成了 ORR 催化剂，这就意味着大环结构并不是必须条件。从此以后，该方法被许多研究组效仿，用各种含氮化合物作为前驱体与廉价的常见无机金属盐和碳合成了这种含过渡金属 - 氮的碳材料（MN_x-C，x 表示与金属 M 配位的 N 原子数目）作为 ORR 催化剂。通常是通过在 $600 \sim 900$ ℃高温下分解过渡金属和吸附在碳上的氮的前驱体得到的[44,52-58]。目前使用的金属前驱体包括：金属盐如醋酸铁[59]，氯化钴[58]；金属复合物如二茂铁[60,61]，邻二氮杂菲铁[62]或普鲁士蓝相关化合物[38,63]。氮的前驱体是 NH_3、CH_3CN[52,60]或硝基苯胺[55]，或其它的含氮分子如酞菁[64]、卟啉[65]、过氧化氢酶和血红素[66,67]、富含氮的氨基酸[68]、嘌呤和吡啶等[69]。这些研究都致力于优化催化剂结构和合成条件以获得活性和稳定性最佳的催化剂。

1.2 氮杂碳纳米材料催化剂性能研究

1.2.1 主要性能

氮杂碳纳米材料催化剂的 ORR 催化性能受到很多因素的影响，其中最主要的是过渡金属中心、氮原子的类型和掺杂的氮碳比以及催化剂载体。

催化剂的过渡金属中心对改善催化剂的活性起了很关键的作用。实验结果证明相对于其他过渡金属，Fe 和 Co 金属中心展示了最高的 ORR 催化活性。Ohms 等[70]使用 MSO_4（M=Mn，Fe，Co，Ni，Cu）和 $ZnCl_2$ 作为金属前驱体合成了相应的 MN_x-C 结构的催化剂。从极化曲线来看在相同的实验条件下不同的金属中心展示了不同的 ORR 活性。在酸性介质中活性最高的是 Co，然后是 Fe 和 Mn，但含 Fe 的催化剂展示了比 Co 更正的起始电位，且含 Fe 的催化剂催化 ORR 是一个准四电子还原过程。而在碱性介质中，Fe 和 Co 中心的催化剂表现出相同的催化性能。除了金属本身的性质以外，金属的负载量也是影响催化剂活性的一个重要因素。而最佳的金属负载量取决于很多因素，如使用的金属前驱体和含氮前驱体、作为底物的碳材料的表面性质以及热处理温度等[60,61,71-73]。一般开始时催化剂活性会随着金属负载量的增加而增大，当负载量达到一定值后，随着负载量的继续增大催化活性反而会降低[60]。当金属的负载量超过最佳值时，过量的金属可能会形成团簇，对 ORR 没有催化作用。

Dodelet 等[74,75] 提出 N 元素是催化剂具有 ORR 催化活性必不可少的一部分，这一点也得到了大量实验的证实。因此，在制备 ORR 催化剂时含 N 前驱体是必须要加进去的。Wei 等[76] 发现热处理后的 CoN-C 催化剂的活性与 N 的浓度有直接的关系。N 的浓度是影响 ORR 催化剂活性的一个重要因素[77-81]。实验测试了几种 FeN_x-C 催化剂的催化活性[52,59]，发现 N 的浓度越高催化剂的催化活性越好。

催化剂的活性除了与 N 的浓度有关外，还与 N 的类型有很大关系。图 1-1 给出了可能的几种杂化 N 的类型，在 MN_x-C 催化剂中 N 的类型主要可能是类石墨型（graphite-like）、吡啶型（pyridine-like）和吡咯型（pyrrole-like）。氮的类型取决于合成催化剂时使用的含氮前驱体。实验发现当其他条件都一样，只是使用的含 N 前驱体不同时，制备的催化剂的活性也不同。吡咯型氮在大多数情况下都占很大比例，接着是吡啶型，然后是类石墨型。但在 FeTPP（铁四苯基卟啉）催化剂上，类石墨型氮比吡啶型氮要占更高的比例[46]。

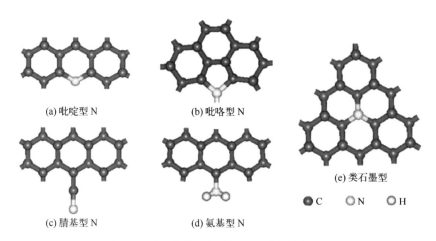

(a) 吡啶型 N (b) 吡咯型 N

(c) 腈基型 N (d) 氨基型 N (e) 类石墨型

● C ○ N ○ H

图1-1 石墨网状结构中N的几种可能的键合构型

很多研究工作[5,20-26,82,83] 报道了含金属 -N_4（MN_4）结构的催化剂，认为该结构有利于将 O_2 分子还原为 H_2O_2。而金属 -N_2（MN_2）结构一般是在高温条件下生成，并且该结构有利于 ORR 沿着四电子路径发生，最终生成 H_2O。根据 Lefèvre 等 [39,40,72] 的报道，FeN_2-C 比 FeN_4-C 有更好的电催化活性。几年之后，他们的工作组 [82,84] 又研究了 FeN_{2+2}-C 结构催化剂的 ORR 催化性能，认为该结构是 Fe/N/C 类催化剂中最具潜力的一种模型。Anderson 和 Sidik 的理论计算显示，$Fe^{3+}N_4$ 和 $Fe^{2+}N_4$ 中只有后者使氧还原反应经历四电子过程，而前者由于与水有强的键而不能是四电子反应路径 [85]，即 FeN_4 部分是最有可能的活性位 [86]。催化剂的结构与热处理温度有很大的关系，含金属的卟啉在热处理过程中部分金属离子会从金属 -N_4 中心脱离，金属 -N_4 会转变为吡咯型、吡啶型和类石墨型氮以及被一层薄的金属氧化物包裹的金属颗粒。虽然哪种类型 N 的 ORR 活性最强并没有取得一致的结果，但有一点是肯定的，即合成的催化剂中 N 原子的类型及配位数会影响到催化剂的活性。

催化剂载体为小金属颗粒的分散提供了一个非常好的物理表面 [22,87]。碳材料因具有好的电学性质和力学性能以及多变的孔大小和孔分布，是常用的燃料电池催化剂载体。研究表明使用的碳载体对热处理后的金属大环化合物的活性和稳定性的改善起了很重要的作用。一般常用的碳载体有炭黑、活性炭和石墨。碳载体的表面性质对催化剂的分散度有很大影响。研究结果 [73] 表明，在相同的金属负载量下不同的碳材料展示了不同的性质，如表面积、孔结构、结晶度、电导率以及 ORR 活性 [61,88-90]。由不同的碳载体得到的催化剂的催化性能差距是很大的 [91-95]。近几年，石墨烯由于大的比表面积、好的电子传输性质以及机械强度引起了广泛的关注。石墨烯一个原子厚度的二维平面结构有利于电子传输 [96]，是非常有效的电极材料，因此也被用作燃料电池阴极催化剂材料 [97]。从实验结果来看，以石墨烯作为催化剂载体可表现出更好的催化性能。

1.2.2 主要研究方法

对催化剂催化性能的研究在实验上主要依靠电化学工作站，其典型应用是旋转环盘电极（rotating ring disk electrode，RRDE），旋转环盘电极可以通过收集反应中间体来研究反应机理。旋转装置可以提供 50 ~ 10000r/min 的转速；环盘电极中盘电极为玻碳电极。电化学测试都在室温下进行。

（1）电化学性能测试

在室温下，催化剂的电化学性质用循环伏安法（cyclic voltammetry，CV），在标准三电极体系及旋转装置控制下进行分析。玻碳电极为制备的工作电极，Pt 丝为对电极，Ag/AgCl 电极为参比电极，电解液为 0.1mol/L 的 KOH 水溶液。

循环伏安测试（CV）：在特定的条件下，选定电解液，固定扫描电压和扫速，得到 CV 曲线。在 CV 曲线中，阴极峰电流越大，峰电位越正，表明该材料的氧还原反应催化活性越高。由于在 CV 测试中，工作电极处于静态工作状态，这就导致 O_2 的扩散较慢。而在燃料电池的实际应用中，氧传质的快慢对燃料电池性能有很大影响。线性扫描极化曲线（LSV）测试弥补了这一缺陷。在 LSV 中，工作电极在不同转速下不停地旋转着，保证了 O_2 能够充分扩散。从 LSV 曲线中可以得到评价氧还原反应电催化剂催化活性的重要参数，如起始电位、半波电位和极限电流密度。起始电位、半波电位越正，极限电流密度越大，说明该材料的氧还原反应催化活性越好。

将制备的工作电极在电解液中扫描循环，然后进行一系列的测试。LSV 曲线分别在不同的旋转速率、扫速下进行测试；在给定电位下，ORR 的电流密度可以用 Koutecky-Levich（K-L）方程进行计算：

$$\frac{1}{J} = \frac{1}{J_K} + \frac{1}{J_L} = \frac{1}{J_K} + \frac{1}{B\omega^{\frac{1}{2}}} \tag{1-17}$$

$$B = 0.62nFC_0D_0^{2/3}v^{-1/6} \tag{1-18}$$

$$J_K = nFkC_0 \tag{1-19}$$

式中　J——ORR 的电流密度；

　　　J_K——动力学极限电流密度；

　　　J_L——扩散极限电流密度；

　　　ω——电极旋转速度；

　　　n——还原单个 O_2 分子的电子转移数；

　　　F——法拉第常数，$F=96485$ C/mol；

　　　C_0——常温下电解液中 O_2 的浓度；

D_0——O_2 在电解质溶液中的扩散系数；

v——电解液的动力学黏度；

k——电子转移速率常数。

根据在不同转速下测得的伏安曲线所对应的数据可以得到在不同电位下 J^{-1} 对 $\omega^{-1/2}$ 的关系图，即 K-L 图。根据式（1-17）和式（1-18）可知，在体系保持不变的情况下，K-L 图的斜率与 n^{-1} 成正比。因此，在不同电位下得到的 K-L 线是平行的，说明 K-L 线的斜率基本上是一个常数。根据方程式，通过 K-L 曲线的截距可以得到 J_K 值，进而计算得到 ORR 过程电子转移的速率常数。

ORR 一般有两个路径：直接的四电子还原由 O_2 形成 H_2O；或者是二电子还原形成 H_2O_2。因此，还原单个 O_2 分子的电子转移数（n）以及 ORR 过程中可能中间体过氧化氢（HO_2^-）的产率是研究 ORR 路径的两个重要参数。这两个参数可以通过旋转环盘电极测试来研究。通过该实验分别得到盘电极及对应环电极上的电流值，经过计算可以得出对于每个氧气分子的电子转移数（n）及过氧化氢产率。其计算公式为：

$$n = 4 \times \frac{I_D}{I_D + I_R / N} \tag{1-20}$$

$$w(HO_2^-) = 200 \times \frac{I_R/N}{I_D + I_R/N} \tag{1-21}$$

式中　I_D——盘电极上的电流；

　　　I_R——环电极上的电流；

　　　N——由生产商提供的环电极的收集效率；

$w(HO_2^-)$——过氧化氢产率。

塔菲尔（Tafel）斜率也可以用来评价氧气在催化剂表面催化还原的动力学和吸附机理。Tafel 曲线可以通过全经验 Tafel 方程得到：

$$\eta = a + b \lg J \tag{1-22}$$

式中　η——过电位；

J——所测得的电流密度；

b——Tafel 斜率；

a——常数。

Tafel 曲线是用过电位 η 对电流密度的对数 $\lg J$ 作图。Tafel 斜率值越小，说明催化剂的催化活性越高。

（2）稳定性测试

催化剂的稳定性是评价催化剂催化性能的一个重要指标。稳定性实验通常用恒电位法进行，电位固定在由循环伏安法测试出的氧还原峰电流对应的电位上，测试电流密度随时间的变化曲线，与初始电流密度进行比较，可得到该催化剂在一定时间内相对电流密度的衰减程度。

（3）催化剂抗一氧化碳毒化测试

抗一氧化碳毒化实验与稳定性实验操作基本相同，只不过在通入氧气的同时氩气并不完全关闭，使得通入电解液的气体中 Ar：O_2 为 1：9。在氧气还原电流稳定后，关闭氩气，通入同样体积的 CO，实验持续进行一段时间后停止。在测试时间范围内若催化剂的氧还原电流非常稳定，损失较小，表明该催化剂具有优异的抗 CO 毒化性质。

（4）催化剂抗甲醇选择性

对于直接甲醇燃料电池，好的 ORR 催化剂还应该对甲醇氧化显示惰性。ORR 选择催化性是用循环伏安法进行测试的，其参数与催化活性测试时基本相同，只是电解液中加入 10% 的无水甲醇。测试得到的循环伏安曲线对甲醇的引入没有明显的响应，没有甲醇氧化电流峰则表明催化剂具有优良的抗甲醇选择性。

1.2.3 主要应用及趋势分析

结构决定性能，碳纳米材料的独特结构使得它具有优良的力学、化学、光学、电学以及磁学性能，在众多领域显示出了巨大的应用前景。当将氮原子引入 sp^2 杂化的碳框架结构中，其孤对电子与石墨烯片层的离域 π 电子相互作用，赋予了氮杂碳纳米材料在化学催化、储能、场发射效应、传感效应等方面不同于传统碳纳米材料的性能。碳纳米材料所具有的高比表面积、表面原子所占比重大、优良的化学稳定性以及纳米尺度的结构，使其可作为催化剂载体，提高催化剂的催化选择性和活性。由于氮原子的引入，氮杂碳纳米管的表面电子结构发生改变，更易于与其它纳米结构或分子相互作用，这使其在催化领域有了更广阔的应用前景。

（1）作为燃料电池阴极氧还原催化剂

尽管氧还原反应活性位还存在争议，还需要进一步的研究，但已形成共识的是铁和钴有助于在碳母体中杂入各种类型的氮原子（如吡啶型氮、吡咯型氮），这将提高氮杂碳材料提供电子的能力[98]，通过氮或与之相邻的碳原子与氧的结合以减弱O—O键的键能，最终提高了氧还原反应的催化活性[99]。氮杂碳中氮的价电子态是它们对催化活性贡献的量度，类石墨型的氮越多，材料的氧还原活性就越高[99-101]。也有报道认为类石墨型和吡啶型N都具有活化氧的能力[102,103]。还有一些工作的结果表明吡啶型N不但没有ORR催化活性，甚至还会抑制ORR活性[104]。事实上，这个问题实验上很难给出答案。因为目前的实验手段还很难辨别区分边界处的N和吡啶型N。从理论计算结果来看，Zhang等[105]用高斯模拟了吡啶型和吡咯型的N杂石墨烯的ORR催化活性，结果表明这两种类型的N都具有ORR催化活性。可见不含金属的氮杂碳材料究竟有没有催化活性，哪种类型的N才是真正的活性吸附位，科学家们并没有取得一致的结果。

（2）其他方面的催化剂

氮杂碳纳米材料不光在氧还原方面有应用，在燃料电池甲醇催化氧化方面也有相关报道。大部分都是将贵金属或其合金担载到氮杂碳纳米材料上作为甲醇氧化催化剂，有Au和Au-Pd[106]，Pt[107,108]，Pt-Ru[109]等。此外，Amadou等[110]和Chizari等[111]报道，将Pd担载在所制得的氮杂碳纳米管上，具有液相下C═C选择加氢的催化作用，与Pd担载在非氮杂碳管上相比，其活性明显增强。García-García等[112]比较了氮杂和非氮杂碳纳米管担载Ru对于NH_3的分解催化活性，发现通过氮杂，催化剂的性能有了大幅度提高。Lv等[113,114]研究了不同类型的碳氮键连方式对NO催化氧化的影响，发现类吡啶型氮对于催化活性有促进作用，而类石墨型氮反而会抑制催化活性。Shin等[115]发现将Co或者Ni担载到氮杂碳纳米管上的水溶液催化产氢活性比Pt担载的催化剂活性高。对于为什么氮杂碳纳米材料较非氮杂材料有较高的催化活性，虽然仍存在争论，但大部分研究者认为，由于氮原子的杂入造成的某些结构缺陷加强了催化剂颗粒的成核作用，使得催化剂颗粒分布及尺寸大小都趋于均匀；另外氮原子的杂入改变了碳纳米材料的表面电子结构，从而促进了其催化活性。

（3）储氢

由于氢气的储存在高能量密度的可充电电池和其他一些氢能器件中具有重要意义，储氢问题正在受到越来越多的关注。碳纳米管所具有的高比表面性正好符合储氢条件，其在储氢方面的研究已有大量文献报道[116-118]。在这些实验中，一般都需要非常苛刻的条件（低温、高压等），这些对其工业应用产生了不利影响。Bai 等所合成的氮杂碳纳米管在常压、300℃的条件下，储氢能力达到了 8%（质量分数），可能是竹节状纳米管的特殊结构以及氮原子的引入使之产生了吸氢活性位[119]。后来人们通过模拟计算也证明杂有氮原子的碳纳米管较非氮杂碳纳米管更易于活化氢气，并进行吸附[120,121]。

（4）其他应用

由于氮杂碳纳米材料的施主态正好处于费米能级上方，使其成为具有较好场发射效应的材料。Wang 等发现在 1.5V/μm 的场强下氮杂碳纳米管便有电子发射，在 2.6V/μm 场强下其发射电流密度即达到 $80μA/cm^2$，明显高于未杂化的纳米管[122]。研究人员通过理论计算得出，氮杂可以有效地降低电子功函数，从而提高了发射电流[123,124]。实验上通过控制类石墨型氮与类吡啶型氮的比值，可以调节场发射效应的强度。当比值从 1.7 提高到 3.5 时，开始产生电流的场强从 1.8V/μm 降低到了 0.6V/μm[125]。

早在 1998 年，碳纳米管就被证实能够用作气体传感器来探测有毒或其他气体[126-128]。Peng 等[129] 的理论计算研究表明，氮杂碳纳米管中杂化的氮原子可以结合引入的气体分子，从而提高传感器的灵敏度。Villalpando 等[130] 从实验观察到氮杂碳纳米管对一些有毒气体和有机溶剂存在化学和物理两种吸附方式，证明了氮杂后的碳纳米管比常规碳纳米管具有更高的敏感性。

1.2.4 相关政策及导向

能源是经济社会发展的基础和动力，对国家繁荣发展、人民生活改善乃至社会长治久安都是至关重要的[131]。氢能是一种来源丰富、绿色低碳、应用广泛的二次能源，能帮助大规模消纳可再生能源，实现电网大规模调峰和跨季节、跨地域储能，加速推进工业、建筑、交通等领域的低碳化[132]。氢能作为一种替代能源进入人们的视野可以追溯到 20 世纪 70 年代。近年来，我国对氢能行业的重视不断提高。2022 年 3 月，国家发展和改革委员会发布《氢能产业发展中长期规划（2021—2035 年）》，氢能被确定为未来国家能源体系的重要组成部分和用能终端实现绿色低碳转型的重要载体，氢能产业被确定为战略性新兴产业和未来产业重点发展方向。

目前来看，氢能应用的方向中发展最快的还是氢燃料电池汽车，国内燃料电池商用车示范的条件也是最成熟的[133]。在"双碳"目标推进的大背景下，电能替代是提升终端用能清洁化、低碳化，促进清洁能源消纳的有效手段。燃料电池是纯电驱动，因为氢气和氧气在燃料电池里面发生反应，生成物就是电和水，水排出了，电用来驱动车辆，所以燃料电池符合国家纯电驱动的战略方向。

2020 年我国主要以氢燃料电池客车和重卡为主，数量超过 6000 辆。在相应配套基础设施方面，我国已累计建成加氢站超过 250 座，约占全球数量的 40%，居世界第一。根据北京冬奥组委公布的数据，第 24 届冬奥会示范运行超 1000 辆氢燃料电池汽车，并配备 30 余个加氢站，是全球最大规模的一次燃料电池汽车示范应用。燃料电池汽车从产业引导到行业管理到研发和示范推广到相应的财税支持政策和标准体系基本都是完善的。2021 年 8 月，财政部等五部委发布《关于启动燃料电池汽车示范应用工作的通知》，选择京津冀城市群、上海城市群和广东城市群作为首批国家氢燃料电池汽车示范城市群，正式从国家层面来启动燃料电池汽车示范。

燃料电池汽车要形成规模化的生产工艺并实现规模化生产需要掌握燃料电池的核心基础材料和核心部件的批量化制造技术[133]。其中，催化剂、质子交换膜和气体扩散层等核心基础材料的制备技术是燃料电池产业化的重要一环。未来，我国将持续推进绿色低碳氢能应用等环节关键核心技术研发，加快推进质子交换膜燃料电池技术创新，开发关键材料，提高主要性能指标和批量化生产能力，持续提升燃料电池可靠性、稳定性和耐久性。

1.3 图书框架结构及撰写目的

1.3.1 框架结构

根据研究内容，本书共包含 8 章。第 1 章为绪论，简要介绍了燃料电池的发展，燃料电池阴极氧还原反应的反应机理及催化剂。第 2 章介绍本研究使用的研究方法，充分证明该方法研究本课题的正确性和科学性；后面章节具体展开对各种结构氮杂碳材料作为 ORR 催化剂的催化机理和性能的研究，包括热力学性质和动力学数据的获取、分析，对比不同的氮杂碳纳米材料催化氧还原反应的催化性能。具体框架结构如图 1-2 所示。

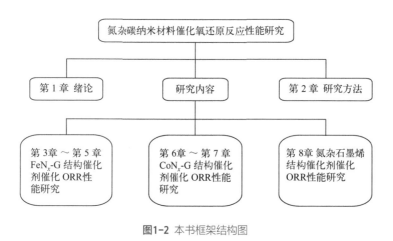

图1-2 本书框架结构图

1.3.2 内容特色

本书在简单介绍了燃料电池，燃料电池阴极氧还原反应及催化剂类型之后有针对性地集中介绍了氮杂碳纳米材料这一类氧还原反应催化剂的催化性能。采用基于密度泛函理论的计算研究方法，从分子水平上研究了各种氮杂碳材料催化剂的 ORR 催化机理；从电子结构的角度分析了过渡金属中心、氮元素类型及氮原子个数等因素对氮杂碳纳米材料 ORR 催化性能的影响，解释各种催化剂催化性能产生差异的原因；探索催化剂结构与催化性能之间的构效关系，为实验上设计新型催化剂提供理论基础。

1.3.3 撰写目的

从最新的研究结果和进展来看，氮杂碳纳米材料作为一种价格低廉的 ORR 催化剂得到了人们的广泛关注，其催化性能虽然比传统的铂基催化剂要低，但这种材料很有潜力替代传统的催化剂成为燃料电池大规模商业化应用的材料。要想减小其与 Pt 基催化剂性能的差距，就要从本质上了解氧还原反应在此类催化剂表面的活性位点和具体的反应机理。由于实验检测手段的局限性，真正高效的催化活性中心在实验上还很难确定。这就极大地限制了人们对氮杂碳纳米材料 ORR 催化性能的研究。理论计算方法可以在分子水平上解释反应的进程，为该研究提供重要的支持。本书内容立足于实验上氮杂碳材料作为 ORR 催化剂的近期研究成果，运用基于密度泛函理论的量子化学计算方法设计了多种结构的氮杂碳材料催化剂，并对这些结构的微观电子性质和 ORR 催化性能等进行较为系统的理论研究，并建立氮杂碳材料催化剂独特的微观电子结构性质与催化性能之间的关系，揭示结构对其 ORR 催化活性的作用规律，旨在探索氮杂碳材料催化剂催化 ORR 的本质，从而为实验上发展新型氮杂碳材料催化剂、调整催化剂的局部结构、提高催化剂活性和选择性提供理论基础。

参考文献

[1] Martin K E, Kopasz J, McMurphy K. Fuel Cell Chemistry and Operation. American Chemical Society, 2010, 1040: 1-13.

[2] Adzic R. Frontiers in Electrochemistry. Electrocatalysis, 1998, 5: 197.

[3] Anderson A B. O_2 Reduction and Co Oxidation at the Pt-Electrolyte Interface. The Role of H_2O and OH Adsorption Bond Strengths. Electrochimica Acta, 2002, 47(22): 3759-3763.

[4] Pillay D, Johannes M, Garsany Y, et al. Poisoning of Pt_3Co Electrodes: A Combined Experimental and DFT Study. Journal of Physical Chemistry C, 2010, 114(17): 7822-7830.

[5]   Kimijima K i, Hayashi A, Umemura S, et al. Oxygen Reduction Reactivity of Precisely Controlled Nanostructured Model Catalysts. Journal of Physical Chemistry C, 2010, 114(35): 14675-14683.

[6]   X Yuan, X Zeng, H-J Zhang, et al. Improved Performance of Proton Exchange Membrane Fuel Cells with P-Toluenesulfonic Acid-Doped Co-PPy/C as Cathode Electrocatalyst. Journal of the American Chemical Society, 2010, 132(6): 1754-1755.

[7]   Zhang L, Zhang J, Wilkinson D P, et al. Progress in Preparation of Non-Noble Electrocatalysts for Pem Fuel Cell Reactions. Journal of Power Sources, 2006, 156(2): 171-182.

[8]   Chen M, Xing Y. Polymer-Mediated Synthesis of Highly Dispersed Pt Nanoparticles on Carbon Black. Langmuir, 2005, 21(20): 9334-9338.

[9]   Hu Y-S, Guo Y-G, Sigle W, et al. Electrochemical Lithiation Synthesis of Nanoporous Materials with Superior Catalytic and Capacitive Activity. Nature Materials, 2006, 5(9): 713-717.

[10]   Zeis R, Mathur A, Fritz G, et al. Platinum-Plated Nanoporous Gold: An Efficient, Low Pt Loading Electrocatalyst for Pem Fuel Cells. Journal of Power Sources, 2007, 165(1): 65-72.

[11]   Shao Y, Yin G, Gao Y. Understanding and Approaches for the Durability Issues of Pt-Based Catalysts for Pem Fuel Cell. Journal of Power Sources, 2007, 171(2): 558-566.

[12]   Yu X, Ye S. Recent Advances in Activity and Durability Enhancement of Pt/C Catalytic Cathode in Pemfc: Part II : Degradation Mechanism and Durability Enhancement of Carbon Supported Platinum Catalyst. Journal of Power Sources, 2007, 172(1): 145-154.

[13]   Ahmadi T, Wang Z, Henglein A, et al. "Cubic" Colloidal Platinum Nanoparticles. Chemistry of Materials, 1996, 8(6): 1161-1163.

[14]   Ahmadi T S, Wang Z L, Green T C, et al. Shape-Controlled Synthesis of Colloidal Platinum Nanoparticles. Science, 1996, 272: 1924-1925.

[15]   Sánchez-Sánchez C M, Solla-Gullón J, Vidal-Iglesias F J, et al. Imaging Structure Sensitive Catalysis on Different Shape-Controlled Platinum Nanoparticles. Journal of the American Chemical Society, 2010, 132(16): 5622-5624.

[16]   Zhang J, Mo Y, Vukmirovic M, et al. Platinum Monolayer Electrocatalysts for O_2

Reduction: Pt Monolayer on Pd(111) and on Carbon-Supported Pd Nanoparticles. Journal of Physical Chemistry B, 2004, 108(30): 10955-10964.

[17] Zhang J, Vukmirovic M B, Xu Y, et al. Controlling the Catalytic Activity of Platinum–Monolayer Electrocatalysts for Oxygen Reduction with Different Substrates. Angewandte Chemie International Edition, 2005, 44(14): 2132-2135.

[18] Zhou W–P, Yang X, Vukmirovic M B, et al. Improving Electrocatalysts for O_2 Reduction by Fine-Tuning the Pt-Support Interaction: Pt Monolayer on the Surfaces of a $Pd_3Fe(111)$ Single-Crystal Alloy. Journal of the American Chemical Society, 2009, 131(35): 12755-12762.

[19] Zhang J, Vukmirovic M B, Sasaki K, et al. Mixed-Metal Pt Monolayer Electrocatalysts for Enhanced Oxygen Reduction Kinetics. Journal of the American Chemical Society, 2005, 127(36): 12480-12481.

[20] Vukmirovic M B, Zhang J, Sasaki K, et al. Platinum Monolayer Electrocatalysts for Oxygen Reduction. Electrochimica Acta, 2007, 52(6): 2257-2263.

[21] Chen Z, Waje M, Li W, et al. Supportless Pt and PtPd Nanotubes as Electrocatalysts for Oxygen-Reduction Reactions. Angewandte Chemie International Edition, 2007, 46(22): 4060-4063.

[22] Liang H W, Liu S, Gong J Y, et al. Ultrathin Te Nanowires: An Excellent Platform for Controlled Synthesis of Ultrathin Platinum and Palladium Nanowires/ Nanotubes with Very High Aspect Ratio. Advanced Materials, 2009, 21(18): 1850-1854.

[23] Teng X, Han W–Q, Ku W, et al. Synthesis of Ultrathin Palladium and Platinum Nanowires and a Study of Their Magnetic Properties. Angewandte Chemie International Edition, 2008, 47(11): 2055-2058.

[24] Kijima T, Yoshimura T, Uota M, et al. Noble-Metal Nanotubes(Pt, Pd, Ag) from Lyotropic Mixed-Surfactant Liquid-Crystal Templates. Angewandte Chemie International Edition, 2004, 43(2): 228-232.

[25] Cademartiri L, Ozin G A. Ultrathin Nanowires—a Materials Chemistry Perspective. Advanced Materials, 2009, 21(9): 1013-1020.

[26] Subhramannia M, Pillai V K. Shape-Dependent Electrocatalytic Activity of Platinum Nanostructures. Journal of Materials Chemistry, 2008, 18(48): 5858-5870.

[27] Xia Y, Yang P, Sun Y, et al. One-Dimensional Nanostructures: Synthesis, Characterization, and Applications. Advanced Materials, 2003, 15(5): 353-389.

[28]   Sun S, Yang D, Villers D, et al. Template-and Surfactant-Free Room Temperature Synthesis of Self-Assembled 3d Pt Nanoflowers from Single-Crystal Nanowires. Advanced Materials, 2008, 20(3): 571-574.

[29]   Chien C-C, Jeng K-T. Noble Metal Fuel Cell Catalysts with Nano-Network Structures. Materials Chemistry and Physics, 2007, 103(2): 400-406.

[30]   Sun S, Jaouen F, Dodelet J P. Controlled Growth of Pt Nanowires on Carbon Nanospheres and Their Enhanced Performance as Electrocatalysts in Pem Fuel Cells. Advanced Materials, 2008, 20(20): 3900-3904.

[31]   Hu Y, Zhang H, Wu P, et al. Bimetallic Pt–Au Nanocatalysts Electrochemically Deposited on Graphene and Their Electrocatalytic Characteristics Towards Oxygen Reduction and Methanol Oxidation. Physical Chemistry Chemical Physics, 2011, 13(9): 4083-4094.

[32]   Yuan Q, Zhou Z, Zhuang J, et al. Pd–Pt Random Alloy Nanocubes with Tunable Compositions and Their Enhanced Electrocatalytic Activities. Chemical Communications, 2010, 46(9): 1491-1493.

[33]   Bashyam R, Zelenay P. A Class of Non-Precious Metal Composite Catalysts for Fuel Cells. Nature, 2006, 443(7107): 63-66.

[34]   Chen W, Akhigbe J, Brückner C, et al. Electrocatalytic Four-Electron Reduction of Dioxygen by Electrochemically Deposited Poly {[Meso-Tetrakis(2-Thienyl) Porphyrinato] Cobalt(II)}. Journal of Physical Chemistry C, 2010, 114(18): 8633-8638.

[35]   Fukuzumi S, Kotani H, Lucas H R, et al. Mononuclear Copper Complex-Catalyzed Four-Electron Reduction of Oxygen. Journal of the American Chemical Society, 2010, 132(20): 6874-6875.

[36]   Jasinski R. A New Fuel Cell Cathode Catalyst. Nature, 1964, 201(4925): 1212-1213.

[37]   van Veen J, Colijn H, van Baar J. On the Effect of a Heat Treatment on the Structure of Carbon-Supported Metalloporphyrins and Phthalocyanines. Electrochimica Acta, 1988, 33(6): 801-804.

[38]   Lalande G, Faubert G, Cote R, et al. Catalytic Activity and Stability of Heat-Treated Iron Phthalocyanines for the Electroreduction of Oxygen in Polymer Electrolyte Fuel Cells. Journal of Power Sources, 1996, 61(1): 227-237.

[39]   Lefèvre M, Dodelet J, Bertrand P. Molecular Oxygen Reduction in Pem Fuel Cells: Evidence for the Simultaneous Presence of Two Active Sites in Fe-Based

Catalysts. Journal of Physical Chemistry B, 2002, 106(34): 8705-8713.

[40]   Lefèvre M, Dodelet J-P. Fe-Based Catalysts for the Reduction of Oxygen in Polymer Electrolyte Membrane Fuel Cell Conditions: Determination of the Amount of Peroxide Released During Electroreduction and Its Influence on the Stability of the Catalysts. Electrochimica Acta, 2003, 48(19): 2749-2760.

[41]   Wang B. Recent Development of Non-Platinum Catalysts for Oxygen Reduction Reaction. Journal of Power Sources, 2005, 152: 1-15.

[42]   Dodelet J-P. Oxygen Reduction in PEM Fuel Cell Conditions: Heat-Treated Non-Precious Metal-N$_4$ Macrocycles and Beyond. In: N$_4$-Macrocyclic Metal Complexes: Springer, 2006: 83-147.

[43]   Kiros Y. Metal Porphyrins for Oxygen Reduction in Pemfc. International Journal of Electrochemical Science, 2007, 2: 285.

[44]   Bezerra C W B, Zhang L, Lee K, et al. Novel Carbon-Supported Fe-N Electrocatalysts Synthesized through Heat Treatment of Iron Tripyridyl Triazine Complexes for the PEM Fuel Cell Oxygen Reduction Reaction. Elsevier, 2008: 7703-7710.

[45]   Koslowski U I, Abs-Wurmbach I, Fiechter S, et al. Nature of the Catalytic Centers of Porphyrin-Based Electrocatalysts for the Orr: A Correlation of Kinetic Current Density with the Site Density of Fe-N$_4$ Centers. Journal of Physical Chemistry C, 2008, 112(39): 15356-15366.

[46]   Pylypenko S, Mukherjee S, Olson T S, et al. Non-Platinum Oxygen Reduction Electrocatalysts Based on Pyrolyzed Transition Metal Macrocycles. Electrochimica Acta, 2008, 53(27): 7875-7883.

[47]   Schilling T, Bron M. Oxygen Reduction at Fe-N-Modified Multi-Walled Carbon Nanotubes in Acidic Electrolyte. Electrochimica Acta, 2008, 53(16): 5379-5385.

[48]   Jahnke H, Schönborn M, Zimmermann G. Organic Dyestuffs as Catalysts for Fuel Cells. In: Physical and Chemical Applications of Dyestuffs: Springer, 1976: 133-181.

[49]   Bagotzky V, Tarasevich M, Radyushkina K, et al. Electrocatalysis of the Oxygen Reduction Process on Metal Chelates in Acid Electrolyte. Journal of Power Sources, 1978, 2(3): 233-240.

[50]   Gruenig G, Wiesener K, Gamburzev S, et al. Investigations of Catalysts from the Pyrolyzates of Cobalt-Containing and Metal-Free Dibenzotetraazaannulenes on Active Carbon for Oxygen Electrodes in an Acid Medium. Journal of

Electroanalytical Chemistry and Interfacial Electrochemistry, 1983, 159(1): 155-162.

[51]   Gupta G, Slanac D A, Kumar P, et al. Highly Stable and Active Pt–Cu Oxygen Reduction Electrocatalysts Based on Mesoporous Graphitic Carbon Supports. Chemistry of Materials, 2009, 21(19): 4515-4526.

[52]   Jaouen F, Charreteur F, Dodelet J. Fe-Based Catalysts for Oxygen Reduction in Pemfcs Importance of the Disordered Phase of the Carbon Support. Journal of The Electrochemical Society, 2006, 153(4): A689-A698.

[53]   Jaouen F, Lefèvre M, Dodelet J-P, et al. Heat-Treated Fe/N/C Catalysts for O_2 Electroreduction: Are Active Sites Hosted in Micropores? Journal of Physical Chemistry B, 2006, 110(11): 5553-5558.

[54]   Ma Z–F, Xie X–Y, Ma X–X, et al. Electrochemical Characteristics and Performance of Cotmpp/Bp Oxygen Reduction Electrocatalysts for Pem Fuel Cell. Electrochemistry Communications, 2006, 8(3): 389-394.

[55]   Wood T E, Tan Z, Schmoeckel A K, et al. Non-Precious Metal Oxygen Reduction Catalyst for Pem Fuel Cells Based on Nitroaniline Precursor. Journal of Power Sources, 2008, 178(2): 510-516.

[56]   Subramanian N P, Li X, Nallathambi V, et al. Nitrogen-Modified Carbon-Based Catalysts for Oxygen Reduction Reaction in Polymer Electrolyte Membrane Fuel Cells. Journal of Power Sources, 2009, 188(1): 38-44.

[57]   Zhang H–J, Jiang Q–Z, Sun L, et al. 3d Non-Precious Metal-Based Electrocatalysts for the Oxygen Reduction Reaction in Acid Media. International Journal of Hydrogen Energy, 2010, 35(15): 8295-8302.

[58]   Zhang H–J, Yuan X, Sun L, et al. Pyrolyzed CoN_4-Chelate as an Electrocatalyst for Oxygen Reduction Reaction in Acid Media. International Journal of Hydrogen Energy, 2010, 35(7): 2900-2903.

[59]   Jaouen F, Marcotte S, Dodelet J-P, et al. Oxygen Reduction Catalysts for Polymer Electrolyte Fuel Cells from the Pyrolysis of Iron Acetate Adsorbed on Various Carbon Supports. Journal of Physical Chemistry B, 2003, 107(6): 1376-1386.

[60]   Bron M, Fiechter S, Hilgendorff M, et al. Catalysts for Oxygen Reduction from Heat-Treated Carbon-Supported Iron Phenantroline Complexes. Journal of Applied Electrochemistry, 2002, 32(2): 211-216.

[61]   Bron M, Radnik J, Fieber-Erdmann M, et al. Exafs, Xps and Electrochemical Studies on Oxygen Reduction Catalysts Obtained by Heat Treatment of Iron

Phenanthroline Complexes Supported on High Surface Area Carbon Black. Journal of Electroanalytical Chemistry, 2002, 535(1): 113-119.

[62] Sawai K, Suzuki N. Heat-Treated Transition Metal Hexacyanometallates as Electrocatalysts for Oxygen Reduction Insensitive to Methanol. Journal of The Electrochemical Society, 2004, 151(5): A682-A688.

[63] Biloul A, Contamin O, Scarbeck G, et al. Oxygen Reduction in Acid Media: Effect of Iron Substitution by Cobalt on Heat-Treated Naphthalocyanine Impregnations Supported on Preselected Carbon Blacks. Journal of Electroanalytical Chemistry, 1992: 163-186.

[64] Odabaş Z, Altındal A, Özkaya A R, et al. Novel Ball-Type Homo-and Hetero-Dinuclear Phthalocyanines with Four 1,1'-Methylenedinaphthalen-2-ol Bridges: Synthesis and Characterization, Electrical and Gas Sensing Properties and Electrocatalytic Performance Towards Oxygen Reduction. Sensors and Actuators B: Chemical, 2010, 145(1): 355-366.

[65] Charreteur F, Jaouen F, Dodelet J-P. Iron Porphyrin-Based Cathode Catalysts for Pem Fuel Cells: Influence of Pyrolysis Gas on Activity and Stability. Electrochimica Acta, 2009, 54(26): 6622-6630.

[66] Maruyama J, Abe I. Formation of Platinum-Free Fuel Cell Cathode Catalyst with Highly Developed Nanospace by Carbonizing Catalase. Chemistry of Materials, 2005, 17(18): 4660-4667.

[67] Maruyama J, Abe I. Carbonized Hemoglobin Functioning as a Cathode Catalyst for Polymer Electrolyte Fuel Cells. Chemistry of Materials, 2006, 18(5): 1303-1311.

[68] Maruyama J, Fukui N, Kawaguchi M, et al. Application of Nitrogen-Rich Amino Acids to Active Site Generation in Oxygen Reduction Catalyst. Journal of Power Sources, 2008, 182(2): 489-495.

[69] Maruyama J, Fukui N, Kawaguchi M, et al. Use of Purine and Pyrimidine Bases as Nitrogen Sources of Active Site in Oxygen Reduction Catalyst. Journal of Power Sources, 2009, 194(2): 655-661.

[70] Ohms D, Herzog S, Franke R, et al. Influence of Metal Ions on the Electrocatalytic Oxygen Reduction of Carbon Materials Prepared from Pyrolyzed Polyacrylonitrile. Journal of Power Sources, 1992, 38(3): 327-334.

[71] Wang H, Côté R, Faubert G, et al. Effect of the Pre-Treatment of Carbon Black Supports on the Activity of Fe-Based Electrocatalysts for the Reduction of

Oxygen. Journal of Physical Chemistry B, 1999, 103(12): 2042-2049.

[72] Lefèvre M, Dodelet J, Bertrand P. O$_2$ Reduction in Pem Fuel Cells: Activity and Active Site Structural Information for Catalysts Obtained by the Pyrolysis at High Temperature of Fe Precursors. Journal of Physical Chemistry B, 2000, 104(47): 11238-11247.

[73] Ehrburger P, Mongilardi A, Lahaye J. Dispersion of Iron Phthalocyanine on Carbon Surfaces. Journal of Colloid and Interface Science, 1983, 91(1): 151-159.

[74] Fournier J, Lalande G, Guay D, J. P. Dodelet. Activation of Various Fe-Based Precursors on Carbon Black and Graphite Supports to Obtain Catalysts for the Reduction of Oxygen in Fuel Cells. Journal of The Electrochemical Society, 1997, 144(1): 218-226.

[75] Lalande G, Cote R, Guay D, J. P. Dodelet. Is Nitrogen Important in the Formulation of Fe-Based Catalysts for Oxygen Reduction in Solid Polymer Fuel Cells? Electrochimica Acta, 1997, 42(9): 1379-1388.

[76] Wei G, Wainright J, Savinell R. Catalytic Activity for Oxygen Reduction Reaction of Catalysts Consisting of Carbon, Nitrogen and Cobalt. Journal of New Materials for Electrochemical Systems, 2000, 3(2): 121-130.

[77] Cheng X, Shi Z, Glass N, et al. A Review of Pem Hydrogen Fuel Cell Contamination: Impacts, Mechanisms, and Mitigation. Journal of Power Sources, 2007, 165(2): 739-756.

[78] Medard C, Lefevre M, Dodelet J, et al. Oxygen Reduction by Fe-Based Catalysts in Pem Fuel Cell Conditions: Activity and Selectivity of the Catalysts Obtained with Two Fe Precursors and Various Carbon Supports. Electrochimica Acta, 2006, 51(16): 3202-3213.

[79] Franke R, Ohms D, Wiesener K. Investigation of the Influence of Thermal Treatment on the Properties of Carbon Materials Modified by N$_4$-Chelates for the Reduction of Oxygen in Acidic Media. Journal of Electroanalytical Chemistry and Interfacial Electrochemistry, 1989, 260(1): 63-73.

[80] Weng L, Bertrand P, Lalande G, et al. Surface Characterization by Time-of-Flight Sims of a Catalyst for Oxygen Electroreduction: Pyrolyzed Cobalt Phthalocyanine-on-Carbon Black. Applied Surface Science, 1995, 84(1): 9-21.

[81] Jansen R, van Bekkum H. Amination and Ammoxidation of Activated Carbons. Carbon, 1994, 32(8): 1507-1516.

[82] Charreteur F, Jaouen F, Ruggeri S, et al. Fe/N/C Non-Precious Catalysts for Pem

Fuel Cells: Influence of the Structural Parameters of Pristine Commercial Carbon Blacks on Their Activity for Oxygen Reduction. Electrochimica Acta, 2008, 53(6): 2925-2938.

[83]   Faubert G, Côté R, Dodelet J, et al. Oxygen Reduction Catalysts for Polymer Electrolyte Fuel Cells from the Pyrolysis of Fe^{II} Acetate Adsorbed on 3, 4, 9, 10-Perylenetetracarboxylic Dianhydride. Electrochimica Acta, 1999, 44(15): 2589-2603.

[84]   Lefèvre M, Proietti E, Jaouen F, et al. Iron-Based Catalysts with Improved Oxygen Reduction Activity in Polymer Electrolyte Fuel Cells. Science, 2009, 324(5923): 71-74.

[85]   Anderson A B, Sidik R A. Oxygen Electroreduction on Fe^{II} and Fe^{III} Coordinated to N$_4$ Chelates. Reversible Potentials for the Intermediate Steps from Quantum Theory. Journal of Physical Chemistry B, 2004, 108(16): 5031-5035.

[86]   Titov A, Zapol P, Král P, et al. Catalytic Fe–X N Sites in Carbon Nanotubes. Journal of Physical Chemistry C, 2009, 113(52): 21629-21634.

[87]   Shao Y, Liu J, Wang Y, et al. Novel Catalyst Support Materials for Pem Fuel Cells: Current Status and Future Prospects. Journal of Materials Chemistry, 2009, 19(1): 46-59.

[88]   Shao Y, Yin G, Zhang J, et al. Comparative Investigation of the Resistance to Electrochemical Oxidation of Carbon Black and Carbon Nanotubes in Aqueous Sulfuric Acid Solution. Electrochimica Acta, 2006, 51(26): 5853-5857.

[89]   Wang X, Li W, Chen Z, et al. Durability Investigation of Carbon Nanotube as Catalyst Support for Proton Exchange Membrane Fuel Cell. Journal of Power Sources, 2006, 158(1): 154-159.

[90]   Bae I T, Tryk D A, Scherson D A. Effect of Heat Treatment on the Redox Properties of Iron Porphyrins Adsorbed on High Area Carbon in Acid Electrolytes: An in Situ Fe K-Edge X-Ray Absorption near-Edge Structure Study. Journal of Physical Chemistry B, 1998, 102(21): 4114-4117.

[91]   Faubert G, Cote R, Guay D, et al. Iron Catalysts Prepared by High-Temperature Pyrolysis of Tetraphenylporphyrins Adsorbed on Carbon Black for Oxygen Reduction in Polymer Electrolyte Fuel Cells. Electrochimica Acta, 1998, 43(3): 341-353.

[92]   Bouwkamp-Wijnoltz A, Visscher W, van Veen J, et al. On Active-Site Heterogeneity in Pyrolyzed Carbon-Supported Iron Porphyrin Catalysts for the

Electrochemical Reduction of Oxygen: An in Situ Mössbauer Study. Journal of Physical Chemistry B, 2002, 106(50): 12993-13001.

[93] Sun G, Wang J, Savinell R. Iron(Ⅲ) Tetramethoxyphenylporphyrin(Fetmpp) as Methanol Tolerant Electrocatalyst for Oxygen Reduction in Direct Methanol Fuel Cells. Journal of Applied Electrochemistry, 1998, 28(10): 1087-1093.

[94] Gojković S L, Gupta S, Savinell R. Heat-Treated Iron(Ⅲ) Tetramethoxyphenyl Porphyrin Chloride Supported on High-Area Carbon as an Electrocatalyst for Oxygen Reduction Part Ⅱ. Kinetics of Oxygen Reduction. Journal of Electroanalytical Chemistry, 1999, 462(1): 63-72.

[95] Wang H, Cote R, Faubert G, et al. Effect of the Pre-Treatment of Carbon Black Supports on the Activity of Fe-Based Electrocatalysts for the Reduction of Oxygen. Journal of Physical Chemistry B, 1999, 103(12): 2042-2049.

[96] Wu J, Pisula W, Müllen K. Graphenes as Potential Material for Electronics. Chemical Reviews, 2007, 107(3): 718-747.

[97] Qu L, Liu Y, Baek J-B, et al. Nitrogen-Doped Graphene as Efficient Metal-Free Electrocatalyst for Oxygen Reduction in Fuel Cells. ACS Nano, 2010, 4(3): 1321-1326.

[98] Niwa H, Horiba K, Harada Y, et al. X-Ray Absorption Analysis of Nitrogen Contribution to Oxygen Reduction Reaction in Carbon Alloy Cathode Catalysts for Polymer Electrolyte Fuel Cells. Journal of Power Sources, 2009, 187(1): 93-97.

[99] Nallathambi V, Lee J-W, Kumaraguru S P, et al. Development of High Performance Carbon Composite Catalyst for Oxygen Reduction Reaction in Pem Proton Exchange Membrane Fuel Cells. Journal of Power Sources, 2008, 183(1): 34-42.

[100] Matter P H, Ozkan U S. Non-Metal Catalysts for Dioxygen Reduction in an Acidic Electrolyte. Catalysis Letters, 2006, 109(3-4): 115-123.

[101] Maldonado S, Stevenson K J. Influence of Nitrogen Doping on Oxygen Reduction Electrocatalysis at Carbon Nanofiber Electrodes. Journal of Physical Chemistry B, 2005, 109(10): 4707-4716.

[102] Deng D H, Pan X L, Yu L A, et al. Toward N-Doped Graphene Via Solvothermal Synthesis. Chemistry of Materials, 2011, 23(5): 1188-1193.

[103] Lee K R, Lee K U, Lee J W, et al. Electrochemical Oxygen Reduction on Nitrogen Doped Graphene Sheets in Acid Media. Electrochemistry

Communications, 2010, 12(8): 1052-1055.

[104] Niwa H, Horiba K, Harada Y, et al. X-Ray Absorption Analysis of Nitrogen Contribution to Oxygen Reduction Reaction in Carbon Alloy Cathode Catalysts for Polymer Electrolyte Fuel Cells. Journal of Power Sources, 2009, 187(1): 93-97.

[105] Zhang L, Xia Z. Mechanisms of Oxygen Reduction Reaction on Nitrogen-Doped Graphene for Fuel Cells. Journal of Physical Chemistry C, 2011, 115(22): 11170-11176.

[106] Villa A, Wang D, Spontoni P, et al. Nitrogen functionalized carbon nanostructures supported Pd and Au-Pd NPs as catalyst for alcohols oxidation. Catalysis Today, 2010, 157: 89-93.

[107] Du H–Y, Wang C–H, Hsu H–C, et al, Controlled platinum nanoparticles uniformly dispersed on nitrogen-doped carbon nanotubes for methanol oxidation. Diamond and Related Materials, 2008, 17(4-5): 535-541.

[108] Zhou Y, Pasquarelli R, Holme T, et al. Improving PEM fuel cell catalyst activity and durability using nitrogen-doped carbon supports: observations from model Pt/HOPG systems. Journal of Materials Chemistry, 2009, 19: 7830-7838.

[109] Chetty R, Kundu S, Xia W, et al. PtRu nanoparticles supported on nitrogen-doped multiwalled carbon nanotubes as catalyst for methanol electrooxidation. Electrochimica Acta, 2009, 54(17): 4208-4215.

[110] Amadou J, Chizari K, Houlle M, et al. N-doped carbon nanotubes for liquid-phase C=C bond hydrogenation. Catalysis Today, 2008, 138(1–2): 62-68.

[111] Chizari K, Janowska I, Houllé M, et al. Tuning of nitrogen-doped carbon nanotubes as catalyst support for liquid-phase reaction. Applied Catalysis A: General, 2010, 380, 72-80.

[112] García-García F, Álvarez-Rodríguez J, Rodríguez-Ramos I, et al. The use of carbon nanotubes with and without nitrogen doping as support for ruthenium catalysts in the ammonia decomposition reaction. Carbon, 2010, 48(1): 267-276.

[113] Lv W–X, Zhang R, Xia T–L, et al. Influence of NH_3 flow rate on pyridine-like N content and NO electrocatalytic oxidation of N-doped multiwalled carbon nanotubes. Journal of Nanoparticle Research, 2011, 13, 2351-2360.

[114] Lv W, Shi K, Li L, et al. Nitrogen-doped multiwalled carbon nanotubes and their electrocatalysis towards oxidation of NO. Microchimica Acta, 2010, 170, 91-98.

[115] Shin W H, Yang S H, Choi Y J, et al. Charge polarization–dependent activity of catalyst nanoparticles on carbon nitride nanotubes for hydrogen generation. Journal of Materials Chemistry, 2009, 19(26): 4505-4509.

[116] Chen P, Wu X, Lin J, et al. High H_2 uptake by alkali–doped carbon nanotubes under ambient pressure and moderate temperatures. Science, 1999, 285(5424): 91-93.

[117] Liu C, Fan Y, Liu M, et al. Hydrogen storage in single-walled carbon nanotubes at room temperature. Science, 1999, 286(5442): 1127-1129.

[118] Nikitin A, Li X, Zhang Z, et al. Hydrogen storage in carbon nanotubes through the formation of stable CH bonds. Nano Letters, 2008, 8(1): 162-167.

[119] Bai X, Zhong D, Zhang G, et al. Hydrogen storage in carbon nitride nanobells. Applied Physics Letters, 2001, 79(10): 1552-1554.

[120] Zhu Z, Hatori H, Wang S, et al. Insights into hydrogen atom adsorption on and the electrochemical properties of nitrogen-substituted carbon materials. Journal of Physical Chemistry B, 2005, 109(35): 16744-16749.

[121] Sankaran M, Viswanathan B. The role of heteroatoms in carbon nanotubes for hydrogen storage. Carbon, 2006, 44(13): 2816-2821.

[122] Wang X, Liu Y, Zhu D, et al. Controllable growth, structure, and low field emission of well-aligned CN_x nanotubes. Journal of Physical Chemistry B, 2002, 106(9): 2186-2190.

[123] Wen Q, Qiao L, Zheng W, et al. Theoretical investigation on different effects of nitrogen and boron substitutional impurities on the structures and field emission properties for carbon nanotubes. Physica E: Low–dimensional Systems and Nanostructures, 2008, 40(4): 890-893.

[124] Qu C, Qiao L, Wang C, et al. Density functional theory study of the electronic and field emission properties of nitrogen-and boron-doped carbon nanocones. Physics Letters A, 2010, 374(5): 782-787.

[125] Ghosh K, Kumar M, Maruyama T, et al. Tailoring the field emission property of nitrogen-doped carbon nanotubes by controlling the graphitic/pyridinic substitution. Carbon, 2010, 48(1): 191-200.

[126] Wong S S, Joselevich E, Woolley A T, et al. Covalently functionalized nanotubes as nanometer-sized probes in chemistry and biology. Nature, 1998, 394: 52-55.

[127] Collins P G, Bradley K, Ishigami M, et al. Extreme oxygen sensitivity of

electronic properties of carbon nanotubes. Science, 2000, 287(5459): 1801-1804.

[128] Kong J, Franklin N R, Zhou C, et al. Nanotube molecular wires as chemical sensors. Science, 2000, 287(5453): 622-625.

[129] Peng S, Cho K. Ab initio study of doped carbon nanotube sensors. Nano Letters, 2003, 3(4): 513-517.

[130] Villalpando-Páez F, Romero A, Munoz-Sandoval E, et al, Fabrication of vapor and gas sensors using films of aligned CN_x nanotubes. Chemical Physics Letters, 2004, 386(1-3): 137-143.

[131] 章建华. 全面构建现代能源体系 推动新时代能源高质量发展. 时事报告, 2022, 5: 18.

[132] 杨勇平. 氢能, 现代能源体系新密码. 光明日报, 2022, 5: 7.

[133] 张长令. 中国氢燃料电池汽车示范政策及思考. 氢能储运与应用, 2021, 11: 18.

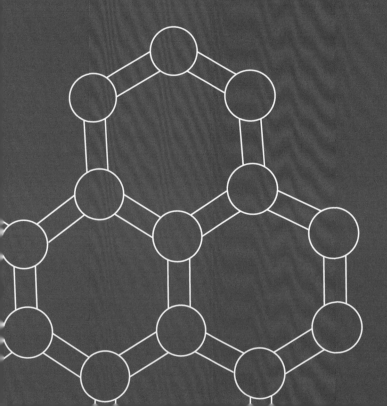

第**2**章　理论基础与
计算方法

2.1 概况

物质物理化学性质的微观描述是一个很复杂的问题。一般我们处理的多原子体系气相如分子或者团簇，凝聚相如固体或表面，液相或者无定型等经常会受到很多外力场的影响。对这些体系我们都可以清楚地通过核与电子之间的库仑相互作用力来描述它们。用来描述这些体系的哈密顿算符表示如下：

$$\hat{H} = -\sum_{I=1}^{P} \frac{\hbar^2}{2M_I} \nabla_I^2 - \sum_{i=1}^{N} \frac{\hbar^2}{2m} \nabla_i^2 + \frac{e^2}{2} \sum_{I=1}^{P} \sum_{J \neq I}^{P} \frac{Z_I Z_J}{|R_I - R_J|}$$
$$+ \frac{e^2}{2} \sum_{i=1}^{N} \sum_{j \neq i}^{N} \frac{1}{|r_i - r_j|} - e^2 \sum_{I=1}^{P} \sum_{i=1}^{N} \frac{Z_I}{|R_I - r_i|} \quad\quad (2\text{-}1)$$

式中，$R=[I]$，$I=1$，$\cdots$，P，是原子核坐标；$r=[i]$，$i=1$，$\cdots$，N，是电子坐标；Z_I 和 M_I 分别是原子核所带电荷和质量。电子是费米子，总的电子波函数相对于两电子的交换函数必须是反对称的；而原子核可以是费米子或者波色子。因此从原则上讲，该体系所有的性质都可以通过解多体薛定谔（Schrödinger）方程（2-2）来获得：

$$\hat{H} \Psi_i(r,R) = E_i \Psi_i(r,R) \quad\quad (2\text{-}2)$$

但实际上精确求解该 Schrödinger 方程几乎是不可能的。在量子化学中，对于一个有 N 个电子的体系，N 个电子波函数依赖于 $3N$ 个坐标变量及 N 个自旋变量共 $4N$ 个变量，使体系的 Schrödinger 方程成为 $4N$ 维的，从而使从头算的计算量非常大。尤其是对含原子数较多的体系，精确求解 Schrödinger 方程成了难以完成的任务。目前解决这一问题的办法是引入一些合理的近似。

2.1.1 Born-Oppenheimer 近似

由于组成分子体系的原子核的质量比电子大 $10^3 \sim 10^5$ 倍，同时电子的运动速度又比原子核快很多，这就使得当原子核做一微小运动时，电子总能立即进行调整。从而使得在任一确定的核的排布下，电子都有相应的运动状态。基于这种物理思想，Born 和 Oppenheimer 处理了分子体系的 Schrödinger 方程，使分子中原子核的运动与电子的运动分开，这就是 Born-Oppenheimer 近似。在这种近似下，全波函数可以分解为：

$$\Psi(R, r) = \Theta(R)\Phi(R, r) \tag{2-3}$$

式中，$\Phi(R, r)$ 为电子的波函数；$\Theta(R)$ 为原子核的波函数，仅与核的坐标有关。

通过这种近似，将电子和核的运动分开处理。分子的 Schrödinger 方程简化为求解在固定核势场下的多电子体系的 Schrödinger 方程。那么如何解一系列在固定核位置时的多电子 Schrödinger 方程呢？这是量子力学中的一个重点问题。

2.1.2 电子问题

不得不说精确求解多电子 Schrödinger 方程还有很大困难。事实上，只有在固定的电子气条件下，有很少电子的原子或者一些小分子才能得到精确解。而在其他情况下还是要求助于近似处理。

1928 年 Hartree 提出了第一个近似，他假设多电子波函数可以写成单电子波函数的简单乘积。

$$\Psi = \varphi_1(1)\varphi_2(2)\varphi_3(3)\cdots\varphi_n(n) \tag{2-4}$$

即把多电子波函数分解成很多个单电子波函数，每个单电子波函数只包含一个电子的坐标。最重要的是这些单电子之间没有任何的相互作用，波函数不服从 Pauli 原理。这样的波函数就像是经典力学中的波体系。后来，Slater 将 Pauli 原理引入波函数当中，将多电子波函数重新表达为

Slater 行列式的形式：

$$\Psi = \frac{1}{\sqrt{n!}} \begin{bmatrix} \varphi_1(1) & \cdots & \varphi_n(1) \\ \vdots & \ddots & \vdots \\ \varphi_1(n) & \cdots & \varphi_n(n) \end{bmatrix} \tag{2-5}$$

这个近似被称为 Hartree-Fock（HF）近似，是量子化学中最重要的方程之一。在很长一段时间里成为化学家计算分子的电子结构的首选方法。到现在，基于分子轨道理论的所有量子化学计算方法都是以 HF 近似为起点的，如多体微扰理论 MPn（Møller-Plesset perturbation theory）、组态相互作用方法（CI）、半经验量子化学计算等。

与这一电子结构理论平行发展的还有 Thomas 和 Fermi 在 1927 年提出的 Thomas-Fermi 模型。该模型假设电子密度是解决多体问题的基础，将原子的动能和静电势能都表示成总的电子密度的函数。Thomas-Fermi 近似过于简单，其中没有包含交换相关效应，并且在近似中使用了电子的动能致使不能保持界态（bound states）。虽然 Thomas-Fermi 近似本身并不是很成功，但它为后来密度泛函理论（DFT）的发展提供了基础。在过去的 30 多年里，DFT 是计算凝聚态物质电子结构的首选方法。近些年来，由于 DFT 计算相较于基于 HF 方法的优势也被量子化学家们广泛接受。

2.2 理论基础

密度泛函理论（DFT）是一种研究多电子体系电子结构的量子力学方法。起源于 1927 年的 Thomas-Fermi 模型，但由于该模型在处理分子、原子体系时与实验结果相差太大而不为人们所重视。直到 1964 年，Hohenberg-Kohn 两大定理的提出才有了坚实的理论基础。但密度泛函理论真正得到普遍的应用还是通过 1965 年 Kohn-Sham 方法实现的。

2.2.1 Thomas-Fermi模型

1927 年 Thomas 和 Fermi 提出仅仅用电子密度来表示总能量[1]，并且用均匀电子气体系的动能、势能来表达具有相同数量的非均匀体系。首次使用了局域密度近似（LDA）的概念。均匀电子气、体系的密度与费米能级（ε_F）的关系为：

$$\rho = \frac{1}{3\pi^2}\left(\frac{2m}{\hbar^2}\right)^{3/2}\varepsilon_F^{3/2} \tag{2-6}$$

而体系的动能为 $T = 3\rho\varepsilon_F/5$ (2-7)

动能密度为 $t[\rho] = \frac{3}{5}\times\frac{\hbar^2}{2m}\left(3\pi^2\right)^{2/3}\rho^{5/3}$ (2-8)

因此，动能可以表示为 $T = C_k\int\rho(r)^{5/3}\mathrm{d}r$，其中 $C_k = \dfrac{3\left(3\pi^2\right)^{2/3}}{10} = 2.871$

个原子单位。非均匀体系可以看作是局部均匀的，这里 LDA 也应用于动能。忽略了交换相关，Thomas-Fermi 理论可以表示为：

$$E_{TF}[\rho] = C_k\int\rho(r)^{5/3}\mathrm{d}r + \int\vartheta(r)\rho(r)\mathrm{d}r + \frac{1}{2}\iint\frac{\rho(r)\rho(r')}{|r-r'|}\mathrm{d}r\mathrm{d}r' \tag{2-9}$$

可见，体系的动能仅仅依赖于电子密度，是密度的函数。Thomas-Fermi 理论的表达式简单，但在实际应用中结果却并不理想。后来很多科学家对这个模型进行了修正，加入各种修正项，如 Dirac 在原来的基础上加入了交换函数，形成了 Thomas-Fermi-Dirac 理论[2]；Wigner 加入了相关函数；Weiszäcker 用梯度相关函数对动能、交换相关能进行了校正[3]。但是，如何能确定能量只是电子密度的函数呢？

2.2.2 Hohenberg-Kohn（HK）定理

1964 年，Hohenberg 和 Kohn 证明了多体系统基态的两个重要性质。

定理分为两部分即 HK 第一定理和 HK 第二定理。

（1）HK 第一定理

多电子体系所处的外势场与基态电子密度存在一一对应关系。即以电子密度作为因变量来求解多电子体系时完全可以确定体系的势能、基态波函数等性质。体系基态的总能量表示为：

$$E_0 = E[\rho_0] = \int \rho_0(r)V(r)\mathrm{d}r + \overline{T}[\rho_0] + \overline{V}_{ee}[\rho_0] = \int \rho_0(r)v(r)\mathrm{d}r + F[\rho_0]$$

（2-10）

其中后两项分别是动能和电子与电子之间的势能，与外势场无关，这两项合起来用 $F[\rho_0]$ 表示，是普适性的密度泛函。由于这两项的具体表达式还不知道，因此并不能直接用该公式来计算基态总能量。

（2）HK 第二定理

设 $\rho(r)$ 是任意一归一化至 N（体系的总电子数）的非负密度函数，那么有 $E_0 < E[\rho(r)]$，E_0 是体系的基态能量。

$E[\rho] = \int \rho(r)V(r)\mathrm{d}r + F[\rho]$，其中 $F[\rho] = \left\langle \Psi | \hat{T} + \widehat{V_{ee}} | \Psi \right\rangle$。

HK 定理证明了体系的基态能量仅仅是电子密度的函数，但最初的 HK 理论由于不考虑自旋，因此没有磁场存在；另外，该定理也仅仅是指出了一对一关系的存在，但并未给出 $F[\rho]$ 的具体表达式。因而无法进行实际的计算。

2.2.3 Kohn-Sham方程

用电子密度来表示动能的表达式仍然是个问题。到目前为止，仅有前面 Thomas 和 Fermi 提出的表达式，但是密度是局域的。这是一个很严重的缺点，因为这个模型不包含界态也不能解决电子壳层结构。1965 年，Kohn 和 Sham 提出用一个等价的没有相互作用的参考体系来代替有相互作用的电子的动能。此时，$F[\rho]$ 可以表示为：

$$F[\rho] = T_s[\rho] + J[\rho] + E_{xc}[\rho], \quad E_{xc}[\rho] = T[\rho] - T_s[\rho] + V_{ee}[\rho] - J[\rho]$$

$$(2\text{-}11)$$

式中，$J[\rho]$——经典库仑相互作用能；

$E_{xc}[\rho]$——交换相关能。

$T_s[\rho] + J[\rho]$ 是 $F[\rho]$ 的主要部分，$E_{xc}[\rho]$ 是一个量值很小的泛函。这样系统的总能量就可以表示为：

$$E[\rho] = T_s[\rho] + J[\rho] + \int V(r)\rho(r)\mathrm{d}r + E_{XC}[\rho]$$

$$= \sum_{i=1}^{n} \phi_i^*(r)\left[-\frac{1}{2}\nabla^2\right]\phi_i(r)\mathrm{d}r + \frac{1}{2}\int \frac{\rho(r_1)\rho(r_2)}{r_{12}}\mathrm{d}r_1r_2 + \int V(r)\rho(r)\mathrm{d}r + E_{XC}[\rho]$$

$$(2\text{-}12)$$

在 $\langle\varphi_i|\varphi_j\rangle = \delta_{ij}$，$(i,\ j=1,\ \cdots,\ N)$ 的条件下对 $\{\varphi_i\}$ 变分求极值，同时令

$$\delta\left\{E[\rho] - \sum_{i=1}^{N}\sum_{j=1}^{N}\varepsilon_{ij}\int\phi_i^*(r)\phi_j(r)\mathrm{d}r\right\} = 0 \qquad (2\text{-}13)$$

这样就得到了著名的 Kohn-Sham 方程

$$\widehat{H_{KS}}\phi_i \equiv \left[-\frac{1}{2}\nabla^2 + V_{eff}(r)\right]\phi_i(r) = \varepsilon_i\phi_i(r) \qquad (2\text{-}14)$$

$$V_{eff}(r) = V(r) + \int\frac{\rho(r')}{|r-r'|}\mathrm{d}r' + V_{XC}(r) \qquad (2\text{-}15)$$

其中 $V_{XC}(r)$ 是交换相关势，定义为：

$$V_{XC}(r) = \frac{\delta E_{XC}[\rho]}{\delta\rho(r)} \qquad (2\text{-}16)$$

如果已知 $E_{xc}[\rho]$ 就可以代入上式求得 $V_{xc}(r)$，再代入 Kohn-Sham 方程进而得到电子波函数及本征值。到目前为止，Kohn-Sham 方程还是严格的，没有引入任何的近似。但是该方程中还包含着一个不确定的交换相关部分。在实际操作中，人们总是通过构造不同的近似交换相关泛函来模拟真实的体系。换句话说，Kohn-Sham 方程得到的解的精确程度直接取决于交换泛函的选取。因此，找到高精度的交换相关泛函是密度泛函理论研究的关键问题。

2.2.4 交换相关泛函

人们构造了很多种形式的交换相关泛函。Perdew 等由高到低将交换相关泛函分为五个层次，称为"Jacob 阶梯"[4]。理论上，阶梯越高计算结果的准确性越高，但在实际应用中却并不完全如此。

（1）局域密度近似（local density approximation，LDA）

LDA 是被广泛应用的一种交换相关能，这种方法早在 Thomas-Fermi 理论中已经被提出了。该近似的中心思想是将一般的不均匀的电子体系看作是局部均匀的体系，然后使用对应于均匀电子气的交换相关能。因此，LDA 处理均匀电子气体系是准确的，而在处理实际的不完全均匀的电子密度体系时却比较粗糙。

设体系的电子密度几乎不随位置的改变而改变，则交换相关能可以近似表示为：

$$E_{XC}^{LDA}[n] = \int dr\, n(r)\varepsilon_{XC}(n) \tag{2-17}$$

其中，$\varepsilon_{XC}(n)$ 是电子在密度为 n 的均匀电子气中的交换和相关能的总和。LDA 仅仅考虑局域的电荷密度，其交换能可以得到准确值。各种 LDA 之间差距很小，交换泛函表示为：

$$E_X^{LDA} \propto \int dr\, n^{\frac{4}{3}}(r) \tag{2-18}$$

而相关泛函可以通过对自由电子气拟合得到。如果还考虑电子的自旋，此时的 LDA 称为 LSDA。对含共价键、离子键和金属键的体系，LDA 方法一般能给出比较好的几何结构，键长，键角以及声子频率，误差都不大，但会过高地估算结合能，介电性质也会被高估 10% 左右。LDA 就是"Jacob 阶梯"的第一阶。

（2）广义梯度近似（general gradient approximation，GGA）

由于 LDA 的均匀电子气模型带来的缺陷，所以在 LDA 的基础上，引入了电子密度的梯度以提高计算精度，这就是广义梯度近似（GGA）[5,6]。GGA 把密度梯度引入到了交换相关泛函中，构成了 GGA 的交换相关泛函，表达式为：

$$E_{XC}[\rho] = \int \rho(r)\varepsilon_{XC}[\rho(r)]\mathrm{d}r + E_{XC}^{GGA}[\rho(r),\nabla\rho(r)] \qquad (2\text{-}19)$$

一般较大的体系会采用 GGA。GGA 型交换相关泛函有很多不同的形式，这里简单介绍几种。

① Langreth-Mehl（LM）交换相关泛函

$$\varepsilon_X = \varepsilon_X^{LDA} - a\frac{|\nabla\rho(r)|^2}{\rho(r)^{4/3}}\left(\frac{7}{9} + 18f^2\right) \qquad (2\text{-}20)$$

$$\varepsilon_C = \varepsilon_C^{RPA} + a\frac{|\nabla\rho(r)|^2}{\rho(r)^{4/3}}\left(2\mathrm{e}^{-F} + 18f^2\right) \qquad (2\text{-}21)$$

② Perdew-Wang '86（PW86）[5,7] 交换泛函

$$\varepsilon_X = \varepsilon_X^{LDA}(1 + 0.0864\frac{s^2}{m} + bs^4 + cs^6)^m \qquad (2\text{-}22)$$

式中，$m = \frac{1}{15}$，$b = 14, c = 0.2, s = \frac{|\nabla\rho(r)|}{2k_F\rho}$，且 $k_F = \left(3\pi^2\rho\right)^{\frac{1}{3}}$。

相关泛函为： $\varepsilon_C = \varepsilon_C^{LDA} + e^{-\Phi} C_C(\rho) \dfrac{|\nabla \rho(r)|^2}{\rho(r)^{4/3}}$ （2-23）

式中， $\Phi = 1.745 \tilde{f} \dfrac{C_C(\infty)}{C_C(\rho)} \dfrac{|\nabla \rho(r)|}{\rho(r)^{7/6}}$ （2-24）

$C_C(\rho) = C_1 + \dfrac{C_2 + C_3 r_s + C_4 r_s^2}{1 + C_5 r_s + C_6 r_s^2 + C_7 r_s^3}$ （2-25）

式中， C_n 为常数。

③ Perdew-Wang '91 交换相关泛函 [8]

交换泛函为：

$$\varepsilon_X = \varepsilon_X^{LDA} \left[\frac{1 + a_1 s\, \mathrm{sinh}^{-1}(a_2 s) + (a_3 + a_4 e^{-100 s^2}) s^2}{1 + a_1 s\, \mathrm{sinh}^{-1}(a_2 s) + a_5 s^4} \right]$$ （2-26）

式中， a_n 为常数。

相关泛函为： $\varepsilon_C = \varepsilon_C^{LDA} + \rho H[\rho, s, t]$ （2-27）

$$H[\rho, s, t] = \frac{\beta}{2\alpha} \ln \left(1 + \frac{2\alpha}{\beta} \frac{t^2 + A t^4}{1 + A t^2 + A^2 t^4} \right) + C_{C0} [C_C(\rho) - C_{C1}] t^2 e^{-100 s^2}$$

（2-28）

$$A = \frac{2\alpha}{\beta} [e^{-\frac{2\alpha \varepsilon C[\rho]}{\beta^2}} - 1]^{-1}$$

式中， α ， β ， C_{C0} ， C_{C1} 皆为常数。

④ Becke Lee–Yang–Parr（BLYP）交换相关泛函 [9]

$$\varepsilon_X = \varepsilon_X^{LDA} \left[1 - \frac{\beta}{2^{1/3} A_x} \frac{x^2}{1 + 6\beta x\, \mathrm{sinh}^{-1}(x)} \right]$$ （2-29）

$$\varepsilon_C = -a\frac{1}{1+dp^{-1/3}}\left\{\rho + b\rho^{-2/3}\left[C_F\rho^{5/3} - 2t_W + \frac{1}{9}\left(t_W + \frac{1}{2}\nabla^2\rho\right)\right]e^{-c\rho^{-1/3}}\right\}$$

（2-30）

⑤ Perdew-Burke-Ernzerhof（PBE）交换相关泛函[10]

$$E_{XC}[\rho] = \int \rho(r)\varepsilon_X^{LDA}[\rho(r)]F_{XC}(\rho,\zeta,s)\mathrm{d}r \qquad （2\text{-}31）$$

总的来讲，GGA 在很多方面相对于 LDA 都有所改善，如结合能，原子能，键长，键角，以及水、冰、水团簇的能量、结构和动力学性质等。用 BLYP 和 PBE 计算得到的结果与实验值非常一致。对含氢键体系的处理也有所改善。但是，GGA 泛函计算能达到的精度似乎存在一个限度，这是由于交换泛函没有把全部的非局域性考虑进去。更主要的问题是 GGA 型泛函仍然没有把自相互作用完全考虑进去。这就促使人们考虑把梯度相关泛函与精确的 Hartree-Fock 型交换函数结合起来。一个典型的例子就是 B3LYP[9] 交换相关泛函。GGA 型泛函为"Jacob 阶梯"的第二阶。

（3）meta-GGA

在 meta-GGA 中引入了两个参数，并把动能密度加入密度梯度中来。meta–GGA 型泛函主要有 TPSS[4]，M06-L[11,12] 和 TPSSh[11]。不同的 meta-GGA 型泛函得到的结果非常相近。相较于 PBE-GGA 泛函，meta-GGA 泛函在原子能上有所改善，但得到的结构和频率比较差，尤其是键长过长。另外，由于 meta-GGA 的计算比 GGA 昂贵很多，因此这类泛函的应用并不是很广泛。这就是"Jacob 阶梯"的第三阶。

（4）杂化密度泛函

GGA 泛函中由于交换泛函没有把全部的非局域性及自相互作用考虑进去。这就促使人们考虑把梯度相关泛函与精确的 Hartree-Fock 型交换函数结合起来，以此来提高精度。但实际上，完全把 Hartree-Fock 准确的交换函数作为交换泛函的结果并不是很理想。杂化密度泛函中应用最广的是 B3LYP 泛函。其表达式为：

$$E_{XC}^{B3LYP} = AE_X^{LDA} + (1-A)E_X^{HF} + B\Delta E_X^{Beck} + CE_C^{LYP} + (1-C)E_C^{VWN} \quad （2\text{-}32）$$

杂化密度泛函称为"Jacob 阶梯"的第四阶，其计算量远大于前面三个 Jacob 阶梯的泛函。

（5）Random Phase Approximation（RPA）

RPA 被称为"Jacob 阶梯"的最高阶泛函。RPA 泛函是在绝热耗散理论的基础上，将没有相互作用力的电子体系与实际的电子相互作用体系通过一个平滑的函数连接起来。试图用无相互作用粒子体系的能量来近似得到多粒子体系的能量。RPA 水平的泛函计算量是 meta-GGA 的 100 倍以上，因此对于较大的体系很难实现。目前被广泛应用于固体物理和材料化学计算中的是 LDA 和 GGA 近似泛函。一般对于较大体系多采用 GGA 泛函。

2.2.5 基组

基组是体系中所含原子的原子轨道波函数的线性组合。原子轨道可以表达为

$$\chi\left(r,\theta,\phi\right)=R_n\left(r\right)Y_{lm}\left(\theta,\phi\right) \tag{2-33}$$

$$\phi_i=\sum_j c_{ji}\chi_j \tag{2-34}$$

ϕ_i 称为基函数，而这些基函数的集合被称为基组（basis set）。在量化计算中，根据体系的具体情况来决定选用的基组。而构成基组的函数决定了基组的大小，函数越多，基组越大，计算结果越准确，当然计算量也越大。目前，常用的基组包括 Slater 型[13]、高斯型[14]、数值型[15]、平面波型[16] 以及混合型基组。

（1）Slater 型基组（Slater-type orbital，STO）

该基组是类氢原子轨道，是比较原始的基组，有明确的物理意义，因此是直观上最佳的基函数。其表达式为：

$$\chi^{\text{STO}}=Nr^{n-1}e^{-\xi r}Y_l^m\left(\theta,\varphi\right) \tag{2-35}$$

Slater 型函数是很好的基函数，但难以处理多中心双电子积分。ADF 程序支持 Slater 型基组，在对多中心积分时都是采用数值积分法。另外，要得到 Slater 基函数只需要确定 Slater 指数，因此对重金属元素非常容易得到可用的基组。

（2）高斯型基组（Gaussian-type orbital，GTO）

1950 年，Boys[14] 提出用高斯型函数来展开分子轨道的径向部分。其函数形式为：

$$\chi^{GTO} = Nr^l e^{-\xi r^2} Y_l^m (\theta, \varphi) \tag{2-36}$$

由于高斯型基函数满足 GTO 乘积定理（两个高斯函数的乘积仍是高斯函数），所以高斯型函数可以将三中心或四中心的双电子积分转化为两中心的双电子积分，从而可以大大提高电子积分的计算效率。但是 GTO 和 STO 型函数在离核较近和较远处差异较大。高斯型函数在原子核处没有尖点，同时在较远处衰减又太快。另外，无法用一个高斯函数来表示价轨道，还需要多个高斯函数的组合。为了弥补这一缺点，常使用几个指数不同的高斯函数拟合一个 Slater 型轨道，这种基组被称为压缩高斯型基组（Contracted GTO sets，CGTO）。该基组的优势在于一方面可以像 Slater 基组一样较好地模拟原子轨道波函数，另一方面又具有高斯型函数良好的数学性质，从而简化计算。一个常用的基组是 STO-3G 基组，表示每个 Slater 原子轨道是由三个高斯型函数线性组合得到的。该基组是规模最小的压缩高斯型基组，计算精度较低，但计算量最小，比较适合于计算大的分子体系。为了提高计算结果的精度，需要使用规模较大的基组。即增加基组中基函数的数量。如将一个原子轨道用几个 STO 函数来表示，称为分裂基组。一般内层轨道只用一个 STO 函数就可以得到很好的描述，而价轨道往往需要好几个 STO 函数来描述，如 3-21G 基组，内层轨道用三个压缩高斯型函数来拟合一个 STO 函数，而价层轨道则由两个 STO 基函数来描述，这两个 STO 基函数分别由两个和一个高斯型函数拟合而成。分裂基组能够更好地描述体系的波函数，但相应的计算量也显著上升。

由于分裂基组并不能很好地描述电子云的变形等性质，有时就要使用极化基组。极化基组是在分裂基组的基础上加入更高能级的原子轨道，如在氢原子上添加 p 轨道，在第二周期的原子上添加 d 轨道。虽然计算结果表明这些新引入的轨道上并没有电子分布，但是新轨道的存在却会对内层电子形成影响。弥散基组是对分裂基组的另一种扩大。

（3）数值型基组（numerical atomic basis set）

2000 年 Delley[17] 提出了数值基组的概念，即利用数值原子轨道来替代原来的基函数形成数值原子基组。该基组的优点是将分子解离成为原子，计算速度加快，同时可以尽量消除基组叠加产生的误差。DMol^3 和 Siesta 等软件包中采用的就是数值原子基组。

（4）平面波型基组（plane-wave basis set）

平面波型基组是一种和原子核位置无关的周期性基组，基函数可以表示为：

$$\chi^{PW} = Ne^{iGr} \qquad (2\text{-}37)$$

任意的单电子波函数都可以用平面波叠加的形式来表示：

$$\varphi_n(r) = \int C_n(g)e^{igr}dg \qquad (2\text{-}38)$$

将平面波展开需要满足周期性边界条件。晶体体系本身就具有周期边界条件；对分子或者表面体系可以分别使用 supercell 和 slab 模型将其构造成周期性体系而具有周期边界条件。平面波基组的优势在于该基组与原子核位置无关，所以不存在基组的重叠误差；另外，该基组可以通过调节截断能来改善基组的精度。缺点是平面波基组的基函数数目庞大，致使计算的速度减慢。Castep 和 VASP 等软件包使用的是平面波基组。

2.3 计算方法

本书的研究对象是含杂原子的表面催化反应体系，为避免掺杂原子之间的相互作用力，本书选用的体系含原子数多、计算量大，因此选择采用 DFT 方法进行计算。使用的软件包是 Materials Studio 中的 DMol³ 模块。该模块采用数值原子轨道基组，是目前 DFT 计算速度最快的量子化学软件之一。

DMol³ 基于 DFT 可以用来模拟分子、固体以及表面体系的电子结构和能量。DMol³ 的应用范围很广，包括有机和无机分子、分子晶体、共价化合物、金属以及材料的无限表面体系。采用 DMol³ 模块，可以预测物质结构，计算反应能、活化能、热力学性质以及振动光谱。DMol³ 适用于分子和三维周期性体系，对一维及二维的周期性结构不能直接运算，需要把这些体系通过建立真空层构造成一个三维的周期性体系才能进行计算。

目前 DMol³ 的计算功能包括：a. 单点能计算；b. 结构优化；c. 分子动力学；d. 过渡态搜索；e. 过渡态优化；f. 寻找反应通道；g. 性质计算。

2.3.1 使用基组

本工作采用的是 DNP（double-numerical polarized basis sets）基组，即双数值轨道基组再加上轨道极化函数。所谓的双数值基组（double-numerical，DN）是指每个占位原子轨道都使用两组价电子原子轨道函数去拟合。而 DNP 是在双数值轨道基组的基础上为所有的非氢原子加入了 d 轨道函数极化，为所有的 H 原子加入了 p 轨道函数极化。这样的基组精度要高些，当然计算时间也会更长。

2.3.2 自旋极化

对电子的处理，DMol³ 有两种选择：限制自旋（spin-restricted）和不限制自旋（spin-unrestricted）。限制自旋就是对 α 电子和 β 电子的自旋采用相同的轨道，而不限制自旋就是使用不同的轨道来描述不同的自旋。如果研究的体系含有偶数个电子，一般选择自旋限制方法，而当含有奇数个电子时，就需要选择不限制自旋的方法。本书使用的模型中由于杂入了氮原子、铁原子等，因此选择了不限制自旋。

2.3.3 过渡态搜索

1931 ~ 1935 年，Eyring，Evans 和 Polanyi 等在量子力学和统计力学的基础上提出了过渡态理论，认为化学反应的完成要经过一个能量较高的过渡状态，这就是过渡理论。搜索过渡状态的方法有很多种，有基于初始结构的本征向量跟踪法（EVF）[18-20]、二聚体方法 [21]、牛顿 - 拉弗森法 [22] 等；基于反应物和产物结构的线性同步转变 / 二次同步转变（LST/QST）法 [23]、NEB（nudge elastic method）方法 [24-28]；势能面扫描法 [29]；分子动力学模拟（MD）等。

本书使用的 DMol³ 模块提供的是线性同步转变 / 二次同步转变（LST/QST）方法。在优化得到反应物和产物结构的前提下，通过线性同步转变，在反应物和产物之间均匀地插入一些新结构，并对这些新结构进行优化，其中能量最高的那个结构就是近似的过渡态结构。因为线性同步转变方法假设的线性坐标的变化往往是有问题的，因此给出的过渡态结构总有较大偏差，经常会有两个甚至更多个虚频。二次同步转变方法假设化学反应在势能面图中是一条二次曲线，因此在线性同步转变获得的过渡态结构的位置上，在与线性同步转变路径垂直的方向上进行搜索以获得能量更低的过渡态。

LST/QST 相结合是搜索过渡态的一种简单快捷的方法。这种方法首先是线性同步转变（LST）的最大化，接着是重复的共轭梯度（CG）极小化，其次是二次同步转变极大化和重复的共轭梯度（CG）极小化，反复重复这一步骤直到最终搜索到过渡态的结构。确保得到的所有基元反应的过渡态结构只有一个虚频，且该虚频的振动模式是连接反应物与产物方向的。

2.4 计算参数和公式

2.4.1 计算参数

本章所有计算都采用的是 Accelrys 公司 Materials Studio 软件包中

的 DMol^3 模块 [30-32]。使用了密度泛函中广义梯度近似（GGA）下的 PBE 交换相关泛函 [33,34]。基组采用包含 d 和 p 极化成分的双数值基组（double numerical plus polarization，DNP）。该基组与 Gaussian 软件中的 6-31G** 基组大小差不多，但比它更加精确、运算速度更快。整个计算是在非对称性限制条件下，采用自旋 - 极化方法进行的，体系中所包含的全部原子都进行弛豫。Monkhorst-Pack 网格参数 k 点设为 5×5×1。结构优化时能量、最大力及最大位移的收敛标准分别为 $1×10^{-5}$hartree，$2×10^{-3}$hartree/Å，$5×10^{-3}$Å^{-1}（1Å=10^{-10}m，1hartree=27.2114eV）。为了减小系统误差，所有的计算均采用相同的 k 点设置和收敛标准。优化后的石墨烯中的 C—C 键长为 1.42Å，这与先前的计算结果一致 [35]。

2.4.2 计算公式

（1）吸附能（E_{ads}），活化能（E_a）及反应能（ΔE）

本书中涉及的吸附能（E_{ads}），活化能（E_a）及反应能（ΔE）定义为如下公式：

$$E_{ads}=E_{tot}-E_{sur}-E_x \qquad\qquad (2-39)$$

$$E_a=E_{TS}-E_{IS} \qquad\qquad (2-40)$$

$$\Delta E=E_{FS}-E_{IS} \qquad\qquad (2-41)$$

式中，E_{tot} 为吸附质 X 吸附在催化剂表面的总能；E_{sur} 为催化剂表面的能量；E_x 为单个吸附质 X 的能量；E_{IS} 为反应起始结构的能量；E_{TS} 为过渡态结构的能量；E_{FS} 为反应终态产物的能量。

按照这种定义方法，吸附能为负值表明吸附质倾向于吸附在表面上，反应能为负值时表示该过程是一个放热过程，在热力学上是有利的。单独的吸附质如 O_2、OOH、OH、O、H_2O_2 和 H_2O 等的优化是将一个吸附质分子单独放在一个 15Å×15Å×15Å 的真空盒子中。优化后的 O_2 和 H_2O_2 分子中的 O—O 键长分别为 1.225Å 和 1.472Å，与先前工作的计算结果 1.22Å 和 1.48Å[35] 非常吻合。

（2）形成能（E_f）和结合能（BE）

各种 MN_x-G（M- 过渡金属，G- 石墨烯）结构的形成能（E_f）和过渡金属结合能（BE）的计算公式如下：

$$E_f = E_{MN_x\text{-}G} + y\mu_C - E_G - x\mu_N - E_{M(g)} \qquad (2\text{-}42)$$

$$BE = E_{MN_x\text{-}G} - \left[E_{N_x\text{-}G} + E_{M(g)} \right] \qquad (2\text{-}43)$$

式中，$E_{MN_x\text{-}G}$ 为杂化后的石墨烯的总能量；E_G 为未杂化的石墨烯的总能量；μ_C 为碳原子的化学势，等于石墨烯的总能量除以所含的碳原子数；μ_N 为氮原子的化学势，等于一个气相氮分子能量的一半；$E_{M(g)}$ 为气相中一个金属 M 原子的能量；x 为引入体系的 N 原子的数目；y 为在形成 MN_x-G 时从石墨烯上移去的碳原子的个数；$E_{N_x\text{-}G}$ 为将 MN_x-G 结构中的 M 原子移除后结构的总能。

这样定义得到的形成能越大（越正）意味着这种缺陷结构形成的可能性较低，反之，形成能越负，缺陷结构越容易形成。这样定义得到的结合能越负，说明键越牢固。

（3）ΔG 的计算

为了探讨 ORR 过程中的热力学决速步骤以及电极电势对各基元步骤的影响。根据 Nørskov 等[36] 提出的方法计算了 ORR 过程中各基元反应的吉布斯自由能的改变值（ΔG），公式如下：

$$\Delta G = \Delta E + \Delta ZPE - T\Delta S + \Delta G_U + \Delta G_{pH} + \Delta G_{field} \qquad (2\text{-}44)$$

式中，ΔE 是基于密度泛函理论计算的反应能；ΔZPE 是零点能；T 表示温度（取值为 300K）；ΔS 表示反应的熵变。ORR 过程中中间产物的 ZPE 和 S 是根据振动频率计算得到的。ΔG_U 和 ΔG_{pH} 分别代表由于电极电势 U 和 pH 值变化引起的反应吉布斯自由能的改变值。$\Delta G_U = neU$，其中 n 是转移的电子数，U 为相对于标准氢电极的电极电势。$\Delta G_{pH} = -k_B T$ ln[H$^+$]=pH × $k_B T$ ln10，其中 k_B 是玻尔兹曼常数。在本书中，由于使用的是酸性介质，pH 值被设置为 0。电化学双电层对 ORR 中间产物的影响已经被证实是很小的，不会影响计算结果，因此在本工作的计算中将忽略这一影响。

标准氢电极的电极电势为零，因此在 298K，pH 值为零时反应 $H^+ + e^- \Longrightarrow 1/2H_2$（1atm）处于平衡状态（即该反应的 $\Delta G=0$）。因此，$H^+ + e^-$ 的自由能可以用 $1/2H_2$ 的自由能来代替。在 300K，3.5×10^3Pa 的压力下，气态水与液态水达到相平衡，所以 300K，3.5×10^3Pa 压力下气态水的自由能等于相同状态下液态水的自由能，即可以用计算得到的气态水的自由能来代替相同条件下液态水的自由能。O_2 的自由能可以通过反应 $O_2 + 2H_2 \Longrightarrow 2H_2O$ 得到，该反应的吉布斯自由能变 ΔG 等于 4.92eV，当得到 H_2 和 H_2O 的自由能后，代入反应的 ΔG 计算公式即可得到 O_2 的自由能。

参考文献

[1] Kohn W, Vashishta P, Lundqvist S, et al. Theory of the Inhomogeneous Electron Gas. New York: Plenum Press, 1983.

[2] Dirac P A. Note on Exchange Phenomena in the Thomas Atom. Mathematical Proceedings of the Cambridge Philosophical Society, 1930, 26: 376-385.

[3] von Weizsäcker C. Zur Theorie Der Kernmassen. Zeitschrift für Physik, 1935, 96(7): 431-458.

[4] Tao J, Perdew J P, Staroverov V N, et al. Climbing the Density Functional Ladder: Nonempirical Meta-Generalized Gradient Approximation Designed for Molecules and Solids. Physical Review Letters, 2003, 91(14): 146401-146404.

[5] Perdew J P, Yue W. Accurate and Simple Density Functional for the Electronic Exchange Energy: Generalized Gradient Approximation. Physical Review B, 1986, 33(12): 8800-8802.

[6] Juan Y-M, Kaxiras E, Gordon R G. Use of the Generalized Gradient Approximation in Pseudopotential Calculations of Solids. Physical Review B, 1995, 51(15): 9521-9536.

[7] Perdew J P. Density-Functional Approximation for the Correlation Energy of the Inhomogeneous Electron Gas. Physical Review B, 1986, 33(12): 8822-8824.

[8] Perdew J P, Wang Y. Pair-Distribution Function and Its Coupling-Constant Average for the Spin-Polarized Electron Gas. Physical Review B, 1992, 46: 12947.

[9]   Becke A D. Density-Functional Exchange-Energy Approximation with Correct Asymptotic Behavior. Physical Review A, 1988, 38(6): 3098.

[10]   Perdew J P, Burke K, Ernzerhof M. Generalized gradient approximation made simple. Physical Review Letters, 1996, 77(18): 3865-3868.

[11]   Zhao Y, Truhlar D G. Density Functionals with Broad Applicability in Chemistry. Accounts of Chemical Research, 2008, 41(2): 157-167.

[12]   Zhao Y, Schultz N E, Truhlar D G. Design of Density Functionals by Combining the Method of Constraint Satisfaction with Parametrization for Thermochemistry, Thermochemical Kinetics, and Noncovalent Interactions. Journal of Chemical Theory and Computation, 2006, 2(2): 364-382.

[13]   Slater J C. Atomic Shielding Constants. Physical Review, 1930, 36(1): 57.

[14]   Boys S F. Electronic Wave Functions-I. A General Method of Calculation for the Stationary States of Any Molecular System. Proceedings of the Royal Society of London. Series A. Mathematical and Physical Sciences, 1950, 200(1063): 542-554.

[15]   Delley B. An All-Electron Numerical Method for Solving the Local Density Functional for Polyatomic Molecules. Journal of Chemical Physics, 1990, 92(1): 508-517.

[16]   Blöuml P E. Projector Augmented-Wave Method. Physical Review B, 1994: 17953-17979.

[17]   Delley B. From Molecules to Solids with the Dmol3 Approach. Journal of Chemical Physics, 2000, 113(18): 7756-7764.

[18]   Baboul A G, Schlegel H B. Improved Method for Calculating Projected Frequencies Along a Reaction Path. Journal of Chemical Physics, 1997, 107(22): 9413-9417.

[19]   Munro L J, Wales D J. Defect Migration in Crystalline Silicon. Physical Review B, 1999, 59(6): 3969.

[20]   Kumeda Y, Wales D J, Munro L J. Transition States and Rearrangement Mechanisms from Hybrid Eigenvector-Following and Density Functional Theory: Application to $C_{10}H_{10}$ and Defect Migration in Crystalline Silicon. Chemical Physics Letters, 2001, 341(1): 185-194.

[21]   Henkelman G, Jónsson H. A Dimer Method for Finding Saddle Points on High Dimensional Potential Surfaces Using Only First Derivatives. Journal of Chemical

Physics, 1999, 111(15): 7010-7022.

[22]   Siegbahn P, Heiberg A, Roos B, et al. A Comparison of the Super-CI and the
        Newton-Raphson Scheme in the Complete Active Space SCF Method. Physica
        Scripta, 1980, 21(3-4): 323.

[23]   Govind N, Petersen M, Fitzgerald G, et al. A Generalized Synchronous Transit
        Method for Transition State Location. Computational Materials Science, 2003,
        28(2): 250-258.

[24]   Elber R, Karplus M. A Method for Determining Reaction Paths in Large
        Molecules: Application to Myoglobin. Chemical Physics Letters, 1987, 139(5):
        375-380.

[25]   Mills G, Jónsson H. Quantum and Thermal Effects in H_2 Dissociative Adsorption:
        Evaluation of Free Energy Barriers in Multidimensional Quantum Systems.
        Physical Review Letters, 1994, 72(7): 1124-1127.

[26]   Henkelman G, Jonsson H. Improved Tangent Estimate in the Nudged Elastic
        Band Method for Finding Minimum Energy Paths and Saddle Points. Journal of
        Chemical Physics, 2000, 113(22): 9978-9985.

[27]   Henkelman G, Uberuaga B P, Jónsson H. A Climbing Image Nudged Elastic
        Band Method for Finding Saddle Points and Minimum Energy Paths. Journal of
        Chemical Physics, 2000, 113(22): 9901-9904.

[28]   Sheppard D, Terrell R, Henkelman G. Optimization Methods for Finding
        Minimum Energy Paths. Journal of Chemical Physics, 2008, 128(13): 134106.

[29]   Schmitt L M. Theory of Genetic Algorithms. Theoretical Computer Science, 2001,
        259(1): 1-61.

[30]   Delley B. An All-Electron Numerical Method for Solving the Local Density
        Functional for Polyatomic Molecules. Journal of Chemical Physics, 1990, 92:
        508-518.

[31]   Delley B. Dmol3 Dft Studies: From Molecules and Molecular Environments to
        Surfaces and Solids. Computational Materials Science, 2000, 17(2): 122-126.

[32]   Delley B. From Molecules to Solids with the Dmol Approach. Journal of
        Chemical Physics, 2000, 113: 7756-7765.

[33]   Perdew J P, Burke K, Ernzerhof M. Generalized Gradient Approximation Made
        Simple. Physical Review Letters, 1996, 77(18): 3865-3868.

[34]   Perdew J P, Chevary J, Vosko S, et al. Atoms, Molecules, Solids, and Surfaces:

Applications of the Generalized Gradient Approximation for Exchange and Correlation. Physical Review B, 1992, 46(11): 6671-6687.

[35] Kattel S, Atanassov P, Kiefer B. Catalytic Activity of Co-N$_x$/C Electrocatalysts for Oxygen Reduction Reaction: A Density Functional Theory Study. Physical Chemistry Chemical Physics, 2013, 15(1): 148-153.

[36] Nørskov J K, Rossmeisl J, Logadottir A, et al. Origin of the overpotential for oxygen reduction at a fuel-cell cathode. Journal of Physical Chemistry B, 2004, 108(46):17886-17892.

第3章 FeN$_x$-G(x=2+2,4) 结构催化剂性能研究

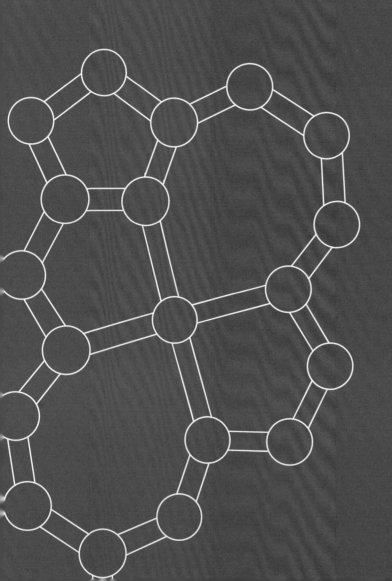

1964 年，Jasinski[1] 首次报道了含金属 - 氮的螯合物如酞菁钴（CoPc）具有 ORR 催化活性。随后，含各种过渡金属的酞菁、卟啉的氧还原催化性能得到了广泛的研究 [2-5]。但是反应原料（大环化合物）昂贵，而且氧还原反应活性比较低以及稳定性较差等缺点严重地制约了这类催化剂的发展。Bagotzky[6] 工作组发现通过热处理大环螯合物能改善氧还原反应的电流密度和稳定性。但这样处理后的催化剂结构并不稳定。要得到稳定的催化剂还需要更高的热处理温度 [7,8]。但是，温度一旦超过 900℃，催化剂稳定性得到提高的同时却牺牲了催化剂的催化活性 [9]。热处理这种方法不能同时提高催化剂的活性和稳定性。有人提出这种催化剂的不稳定性是由电子传输较慢以及大环化合物的堆积造成的 [10]。一个重要的突破是 Gupta 等 [11] 提出可以用各种含氮化合物、过渡金属前躯体和碳来代替昂贵的大环化合物。这种方法被很多研究组所采用 [3,12-18]。这样制备的含金属 – 氮的碳材料（MN_x-C）的氧还原催化活性和稳定性都得到了很大的改善。尤其是含金属铁的 FeN_x-C 催化剂的催化性能已经非常接近传统的铂基催化剂 [14,16]。

但总的来讲，含过渡金属 - 氮的碳材料催化剂的 ORR 活性和稳定性仍然要低于铂基催化剂 [19]。要缩短两种催化剂性能之间的差距就必须很好地了解反应机理以及确定氧还原反应的活性位 [17]。毫无疑问，MN_x-C 结构催化剂的 ORR 催化性能在很大程度上取决于催化剂的结构，如杂入的 N 原子的类型（类石墨型，吡啶型或者吡咯型 N 原子）、过渡金属的类型（如 Fe，Co，Ni 等）、与金属配位的 N 原子的个数（常见的有 2，3，4）以及碳材料的形貌等。前期有工作 [5,20-26] 报道了含金属 -N_4（MN_4）结构的催化剂有利于将 O_2 分子还原为 H_2O_2。而金属 -N_2（MN_2）结构的催化剂一般在高温条件下生成，并且有利于 ORR 沿着四电子路径发生，最终生成 H_2O。根据 Lefèvre 等 [22-24] 的报道，FeN_2-C 比 FeN_4-C 有更好的电催化活性。之后的工作 [25] 又报道了一种用 Fe 原子连接两个相邻石墨片的结构，认为该结构是 Fe/N/C 类催化剂中最具潜力的一种模型，并将该结构记为 FeN_{2+2}-C 结构。之所以记为 FeN_{2+2}-C 是因为该结构与邻二氮杂菲中的 FeN_2-C 结构一样，所有杂入的 N 原子都是吡啶型 N，区别于四个 N 都是吡咯型的 FeN_4-C 结构。一篇 DFT 计算的报道论述了含吡啶型 N 的 Fe—4N 结构在能量上比含四个吡咯型 N 的结构更有利 [27]。但实验 [28-33] 上合成了一种由四个吡咯 N 配位的 Fe 镶嵌在碳材料中的催化剂。并且该材料的 ORR 活性与之前所报道过的 FeN_x 型催化剂的催化性能相当。

本章通过 DFT 计算方法系统研究了含 FeN_{2+2} 和 FeN_4 结构的石墨烯（FeN_x-G）材料作为 ORR 催化剂的催化机理和催化性能，通过比较各基元反应步骤的活化能，找到一条能量最低 ORR 通道并确定其动力学决速步骤；通过计算各基元反应的吉布斯自由能变及电极电势对自由能变的影响，确定 ORR 路径的热力学决速步骤及 ORR 自发进行的最高电极电势。最后，比较两种结构由于 N 原子类型的不同而导致的 ORR 催化性能的异同点，明确 N 原子类型对 ORR 催化性能的影响。

3.1 计算模型及参数

计算模型是在（6×6）的周期性石墨烯晶胞中杂入 FeN_{2+2}、FeN_4 结构，z 方向真空层厚度设为 15Å，以确保相邻两层之间的相互作用力可以忽略不计。Fe 原子与四个吡啶型 N 配位，记作 FeN_{2+2}-G，如图 3-1（a）所示；Fe 原子与四个吡咯型 N 配位，记作 FeN_4-G，如图 3-1（b）所示。在这两种结构中形变最大的是 FeN_4-G 结构，Fe、N 原子以及与 N 原子相连的 C 原子都不同程度地凸出于表面，形成了一个以 Fe 原子为最高点的"帽型"凸起 [图 3-1（b）侧视图]。Fe 原子凸出于石墨烯表面约 1.43Å，四个 Fe—N 键的键长几乎相等，约为 1.91Å。与 Titov 等 [27] 的计算结果 1.90Å，

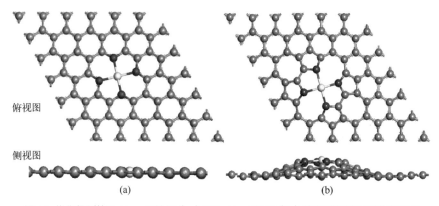

俯视图

侧视图

(a)　　　　　　　　　　　(b)

图3-1　优化得到的FeN_{2+2}-G结构（a）和FeN_4-G结构（b）催化剂的俯视图和侧视图
（灰色、黄色和蓝色的球分别代表碳、铁和氮原子）

1.92Å非常接近。而在FeN$_{2+2}$-G模型中所有的原子包括Fe、N和C原子都处于同一平面内。在Fe中心形成了两个含Fe原子的五元环和两个六元环。四个Fe—N键的键长几乎相等，约为1.90Å。

3.2 催化剂的形成能和结合能

计算得到了两种催化剂的形成能和结合能。从结果来看，两种结构中 FeN$_4$-G 催化剂的形成能为正值（1.17eV）这意味着 FeN$_4$-G 结构比较难形成，要吸收一定的能量才能形成。而 FeN$_{2+2}$-G 结构的形成能为负值，意味着该结构容易形成，形成该结构是放热的热力学有利过程。特别是 FeN$_{2+2}$-G 结构的形成能达到 −4.17eV，说明在相同的条件下体系更倾向于以该结构存在。

从过渡金属的结合能来看，FeN$_4$-G、FeN$_{2+2}$-G 两种结构的结合能分别为 −9.24eV 和 −8.21eV。结合能为负值表示金属 Fe 与其配位的原子之间有很强的相互作用力，该结构能够稳定存在。比较结合能发现 FeN$_4$-G 结构中 Fe—N 之间的结合能比 FeN$_{2+2}$-G 结构中的更强。综合结合能和形成能的结果说明 FeN$_{2+2}$-G 结构容易形成且形成的键之间的相互作用很强，结构很稳定；而 FeN$_4$-G 结构虽然不容易生成，但是一旦该结构在一定条件下生成，其较强的键相互作用力使它能稳定存在。由于在制备这类 ORR 催化剂时多采用高温、热处理的方法，可见这两种结构都很有可能在合成催化剂的过程中生成，因此对他们的研究是很有实际意义的。

3.3 FeN$_{2+2}$-G催化剂的ORR催化机理

3.3.1 O$_2$在FeN$_{2+2}$-G表面上的吸附

考虑了所有可能的氧分子吸附位，优化后的结果显示 O$_2$ 分子只能吸附在 Fe 位上，这一结果与先前的理论计算结果相一致[34]，证明了 Fe 位是 FeN$_{2+2}$-G 催化剂的唯一催化活性中心。吸附在 Fe 位上的 O$_2$ 分子 [O$_{2(ads)}$] 有两种不同的稳定结构，一种是 O$_2$ 分子倾斜吸附在表面上，其中一个 O 原子正好在 Fe 原子的上方，而另一个 O 原子在表面上的投影落在五元环内，如图 3-2（a）所示；另一种结构与前一种相似，不同只在于第二个 O 原子在表面上的投影落在了六元环内，如图 3-2（b）所示。两种结构中氧分子的吸附能分别为 –0.95eV 和 –0.80eV。比较吸附能可以发现第一种结构更稳定，因此在后面的计算中只考虑了第一种结构。

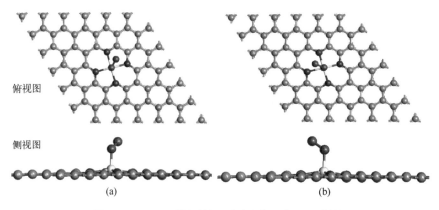

图3-2 FeN$_{2+2}$-G催化剂上两种稳定的O$_2$分子吸附结构
（红色、灰色、黄色和蓝色的球分别代表氧、碳、铁和氮原子）

从图 3-2（a）可以清楚地看到由于 O$_2$ 分子的吸附，催化剂表面发生了明显的变化。Fe 原子凸出于石墨烯表面 0.372Å，使得 Fe—N 键被明显拉长，由原来的 1.902Å 拉长到 1.915Å，具体的结构参数列在表 3-1 中。吸附的 O$_2$ 分子的 O—O 键长也由原来的 1.225Å 增长到 1.286Å。结构的变化充分证明了 O$_2$ 分子与 Fe 位之间存在着强烈的相互作用，对 O$_2$ 分子有明显的活化作用。

表3-1 FeN$_{2+2}$-G催化剂的结构参数及各种相关吸附态的吸附能和结构参数

项目	FeN$_{2+2}$-G	O$_{2(ads)}$	OOH$_{(ads)}$	O$_{(ads)}$	OH$_{(ads)}$	H$_2$O$_{2(ads)}$	H$_2$O$_{(ads)}$
E_{ads}/eV	—	–0.95	–1.87	–4.37	–2.94	–0.64	–0.48
h/Å	0	0.372	0.334	0.430	0.346	0.247	0.187
$d_{O—Fe}$/Å	—	1.754	1.784	1.654	1.808	1.796	2.029
$d_{O—X}$/Å	—	1.286	1.468	—	0.985	1.960	0.984

项目	FeN$_{2+2}$-G	O$_{2\,(ads)}$	OOH$_{(ads)}$	O$_{(ads)}$	OH$_{(ads)}$	H$_2$O$_{2\,(ads)}$	H$_2$O$_{(ads)}$
$d_{N—Fe}$/Å	1.902	1.915	1.917	1.935	1.915	1.919	1.908
$d_{N—C}$（5）/Å	1.380	1.367	1.365	1.366	1.365	1.364	1.368
$d_{N—C}$（6）/Å	1.372	1.372	1.379	1.377	1.377	1.372	1.376
$d_{C—C}$（5）/Å	1.430	1.429	1.429	1.430	1.429	1.432	1.433
$d_{C—C}$（6）/Å	1.440	1.438	1.438	1.438	1.437	1.438	1.441

注：E_{ads}为吸附能；h表示Fe原子突出于表面的距离；d为键长；（5）和（6）分别表示五元环和六元环结构。

3.3.2 O$_2$分子的解离及OOH的形成

在 ORR 的条件下，吸附在表面上的 O$_2$ 分子有两种可能的反应路径：一是 O$_{2\,(ads)}$ 发生解离生成两个 O 原子，可以用方程式（3-1）表示；二是加 H 还原生成 OOH 分子，如方程式（3-2）所示。

$$O_{2\,(ads)} \longrightarrow 2O_{(ads)} \tag{3-1}$$

$$O_{2\,(ads)} + H^+ + e^- \longrightarrow OOH_{(ads)} \tag{3-2}$$

O$_{2\,(ads)}$ 的解离是一个吸热的反应，反应能为 1.02eV。这一解离反应的活化能很高，达到 2.53eV。显然，在燃料电池的工作环境下（大约 80℃），这么高的活化能是很难克服的。这就意味着在 FeN$_{2+2}$-G 催化剂表面氧分子的还原反应不可能以氧分子的解离路径进行。

在反应路径式（3-2）中，O$_{2\,(ads)}$ 可以捕获一个 H$^+$ 和一个 e$^-$ 形成 OOH 分子。Zhang 等[35] 提出在酸性环境中，氧分子可以结合 H$^+$ 形成 H$^+$OO。由于整个体系是电中性的，因此可以简单地将 H$^+$OO 表示为 OOH。在本章后面的计算中也用 H 原子代替了 H$^+$+e$^-$。反应式（3-2）是一个热力学有利的反应，该反应放出大量的热，反应热为 -2.09eV，而且生成的产物 OOH 可以稳定地吸附在 Fe 位上，吸附能为 -1.87eV，表明了 OOH 与表面之间具有非常强的相互作用力。在研究 O$_{2\,(ads)}$ 加氢还原为 OOH$_{(ads)}$ 的动力学机理时，考虑了两种不同的情形，主要是加氢的位置不同。当 H 原子稳定地吸附在表面的一个 C 原子上时（如图 3-3a），O$_{2\,(ads)}$ 分子

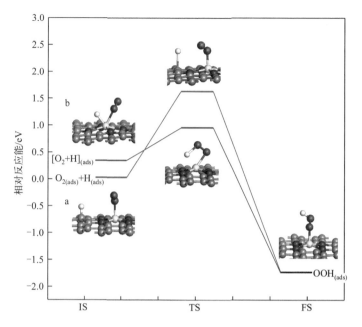

图3-3 O₂分子还原为OOH的相对反应能和活化能以及优化得到的反应物（IS）、
产物（FS）和过渡态（TS）结构

a—O₂和H分别吸附在FeN₂₊₂-G表面不同的吸附位上；b—O₂和H共吸附在Fe位上
（白色、红色、灰色、黄色和蓝色的球分别代表氢、氧、碳、铁和氮原子）

捕获这个H$_{(ads)}$在动力学上是很困难的，活化能高达1.60eV，很难被克服。另一种情况是H原子可以和O₂分子同时共吸附在Fe位上，如图3-3b所示，O₂分子和H原子吸附在Fe位的两侧。尽管这种结构比前一种结构具有更高的总能，稳定性较差，但从动力学的角度，这种H原子和O₂分子的共吸附结构更有利于它们结合转化为OOH$_{(ads)}$，计算结果表明活化能降低到了0.62eV。

3.3.3 OOH$_{(ads)}$的解离与还原

OOH$_{(ads)}$要最终还原为H₂O分子就必须断裂其中的O—O键。O—O键的断裂可以通过一步断裂或者两步的方法断裂（先生成H₂O₂再断裂其中的O—O键形成两个OH基团）。H₂O₂的生成反应可以用方程式（3-3）来表示。

$$OOH_{(ads)} + H^+ + e^- \longrightarrow H_2O_{2(ads)} \qquad (3\text{-}3)$$

如图 3-4 中 a 路径所示，该反应的反应能和活化能分别为 –1.44eV 和 1.13eV。1.13eV 的活化能决定了 OOH$_{(ads)}$ 在动力学上很难生成 H$_2$O$_2$。另外，H$_2$O$_2$ 分子吸附在表面上时已经发生了变形，其中的 O—O 键键长已经由气态 H$_2$O$_2$ 分子中的 1.472Å 拉长到 1.960Å。如此长的键长意味着 O—O 键几乎就要断裂了。这一结果与 H$_2$O$_2$ 分子在酞菁铁和卟啉铁表面的吸附行为非常相似[36,37]。这种结构也促使我们考察了 H$_2$O$_{2\ (ads)}$ 的解离反应。从计算结果来看，该解离反应的反应热为 –1.16eV，是一个热力学放热反应，同时该反应的活化能只有 0.03eV。显然，H$_2$O$_2$ 分子在 FeN$_{2+2}$-G 表面上是很不稳定的，非常容易发生解离。综合上面提到的两个因素说明 H$_2$O$_2$ 分子在 FeN$_{2+2}$-G 表面上很难生成，即使有少量的 H$_2$O$_2$ 分子生成也随即就会解离为 OH 基团。充分说明在 FeN$_{2+2}$-G 催化剂上 ORR 不可能以二电子反应路径发生。

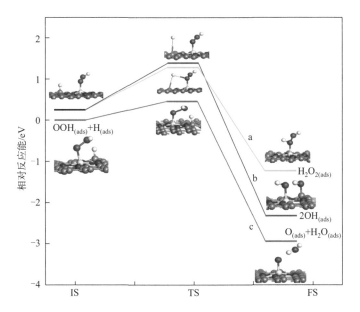

图3-4 在FeN$_{2+2}$-G表面OOH基团还原反应的相对反应能和活化能以及
优化得到的反应物（IS）、产物（FS）和过渡态（TS）结构
a—还原为H$_2$O$_{2\ (ads)}$；b—还原为两个OH$_{(ads)}$；c—还原为O$_{(ads)}$和H$_2$O$_{(ads)}$
（白色、红色、灰色、黄色和蓝色的球分别代表氢、氧、碳、铁和氮原子）

OOH$_{(ads)}$ 中 O—O 键的一步断裂有三种可能的途径。O—O 键的断裂可以在 H 原子的帮助下进行，断裂后的产物取决于引入体系的 H 的位置。如果引入体系的 H 原子在与 Fe 相连的那个 O 原子附近，那么解离后的 OOH$_{(ads)}$ 会结合引入的 H 原子而形成两个 OH$_{(ads)}$ 分子，反应如方程

式（3-4）所示。或者，引入体系的 H 原子也可以在另一个 O 原子的附近，那么解离后的 OOH$_{(ads)}$ 会结合引入的 H 原子而形成一个 H$_2$O$_{(ads)}$ 分子和 O$_{(ads)}$ 原子，反应如方程式（3-5）所示。计算结果显示两个反应都释放出大量的热，反应能分别为 –2.60eV 和 –2.96eV。但反应（3-4）具有较高活化能，其值为 1.14eV，很难克服。而反应（3-5）的活化能明显小于反应（3-4），只有 0.47eV。显然，反应（3-5）是 OOH$_{(ads)}$ 还原的动力学最有利路径。两个反应的具体的反应物、产物和过渡态结构及相对能量示于图 3-4 中 b 和 c 路径中。从图 3-4 中的 c 可以看到反应（3-5）的产物中生成的 H$_2$O 分子远了 Fe 位，而形成的 O 原子则仍然吸附在 Fe 位上。比较吸附能发现，单独的 O 原子和 H$_2$O 分子在 FeN$_{2+2}$-G 表面的稳定吸附位都是 Fe 位，但 H$_2$O 分子的吸附能为 –0.48eV，其绝对值远小于 O 原子的吸附能 –4.37eV。因此，当两者同时在表面上存在时，O 原子优先占据稳定吸附位，而迫使 H$_2$O 分子远离表面。因此，在之后的还原步骤中只考虑了单个的 O 原子吸附在表面上，而没有考虑 O 与 H$_2$O 分子的相互作用。

$$OOH_{(ads)} + H^+ + e^- \longrightarrow 2OH_{(ads)} \qquad (3\text{-}4)$$

$$OOH_{(ads)} + H^+ + e^- \longrightarrow H_2O_{(ads)} + O_{(ads)} \qquad (3\text{-}5)$$

除加氢解离外，O—O 键也可以直接断裂如方程式（3-6）表示，产物为 O$_{(ads)}$ 和 OH$_{(ads)}$。该反应的反应热为 0.26eV，是一个吸热反应。活化能较高，其值为 1.18eV。可见，从热力学和动力学的角度都表明 OOH$_{(ads)}$ 直接解离在 FeN$_{2+2}$-G 表面上是很难进行的。稳定的反应物、产物和过渡态结构及相对能量示意于图 3-5 中。

$$OOH_{(ads)} \longrightarrow O_{(ads)} + OH_{(ads)} \qquad (3\text{-}6)$$

3.3.4 O$_{(ads)}$ 和 OH$_{(ads)}$ 的还原

O 原子的进一步还原最终生成水还需要进行两步反应，如方程式（3-7）和（3-8）所示。我们引入一个 H 原子到体系中，并将 H 原子放在离 O$_{(ads)}$ 原子较近的地方。经过优化，O$_{(ads)}$ 原子与 H 原子结合生成 OH 分子。生成的 OH 分子仍然吸附在 Fe 原子上，吸附能为 –2.94eV。当另外一个

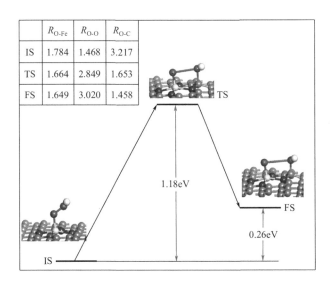

	R_{O-Fe}	R_{O-O}	R_{O-C}
IS	1.784	1.468	3.217
TS	1.664	2.849	1.653
FS	1.649	3.020	1.458

图3-5 OOH基团解离反应的相对反应能和活化能以及优化得到的反应物（IS）、
产物（FS）和过渡态（TS）结构
（相关键长（Å）表示在图内的表中）（白色、红色、灰色、黄色和蓝色的球
分别代表氢、氧、碳、铁和氮原子）

H原子继续被引入到体系中后，OH $_{(ads)}$ 被还原，这时第二个水分子生成了。图3-6给出了O $_{(ads)}$ 及OH $_{(ads)}$ 还原的始态、过渡态和终态结构，以及相应的反应能和活化能。可以看到这两个反应都是放热反应，反应能分别为−2.24eV和−1.87eV，也就是说这两个反应在热力学上都是有利的。另外，这两个反应的活化能都比较低，反应式（3-7）的活化能为0.48eV，反应式（3-8）的活化能为0.39eV，意味着这两个反应都能以比较快的速率进行。

$$O_{(ads)} + H^+ + e^- \longrightarrow OH_{(ads)} \qquad (3-7)$$

$$OH_{(ads)} + H^+ + e^- \longrightarrow H_2O_{(ads)} \qquad (3-8)$$

3.3.5 ORR催化路径

为了更清晰地表示发生在 FeN_{2+2}-G 表面上的氧还原机理，图 3-7 表示了包含所有基元反应步骤的相对能量和活化能。在这个图中，以氧分子吸附在 FeN_{2+2}-G 表面的总能量作为参考能量，记为0eV。对于其他的每个还原步骤，参考能量状态为前一反应的产物加上 $H^+ + e^-$ 能量的总和 [35]。

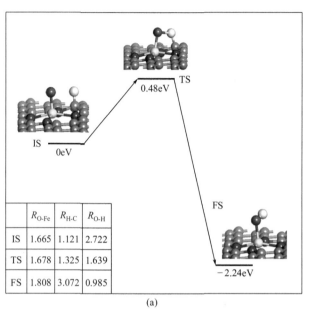

	$R_{O\text{-}Fe}$	$R_{H\text{-}C}$	$R_{O\text{-}H}$
IS	1.665	1.121	2.722
TS	1.678	1.325	1.639
FS	1.808	3.072	0.985

(a)

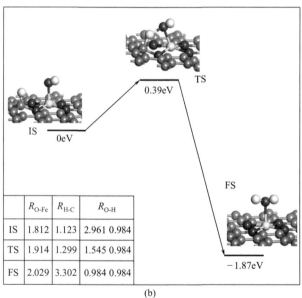

	$R_{O\text{-}Fe}$	$R_{H\text{-}C}$	$R_{O\text{-}H}$
IS	1.812	1.123	2.961 0.984
TS	1.914	1.299	1.545 0.984
FS	2.029	3.302	0.984 0.984

(b)

图3-6 O（a）和OH（b）还原反应的相对反应能和活化能以及优化得到的反应物（IS）、
产物（FS）和过渡态（TS）结构

[相关键长（Å）表示在图内的表中]（白色、红色、灰色、黄色和蓝色的球
分别代表氢、氧、碳、铁和氮原子）

每步具体的反应能和活化能数值列于表3-2中。比较计算得到的活化能可以得到能量最低的ORR路径，如图3-7中的红线所示。在这条最佳反应路径中，ORR过程经历了四步加氢还原步骤。首先是化学吸附在催化活性位Fe位上的$O_{2\,(ads)}$加氢还原为$OOH_{\,(ads)}$；$OOH_{\,(ads)}$发生加氢解离反应生成$O_{\,(ads)}$和$H_2O_{\,(ads)}$；生成的$O_{\,(ads)}$继续加氢被还原为$OH_{\,(ads)}$；$OH_{\,(ads)}$最终被还原为产物$H_2O_{\,(ads)}$。

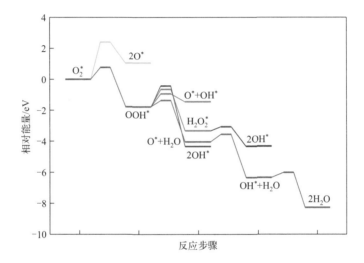

图3-7 FeN_{2+2}-G催化的ORR可能的所有反应路径的反应能和活化能示意图
（红色线路表示了最佳反应通道；*代表吸附在催化剂表面上）

表3-2 各基元反应的反应能（ΔE）和活化能（E_a）

反应步骤	ΔE/eV	E_a/eV
$O_{2\,(ads)} \longrightarrow 2O_{\,(ads)}$	1.02	2.53
$O_{2\,(ads)} + H_{\,(ads)} \longrightarrow OOH_{\,(ads)}$	−2.09	0.62
$OOH_{\,(ads)} \longrightarrow O_{\,(ads)} + OH_{\,(ads)}$	0.26	1.18
$OOH_{\,(ads)} + H_{\,(ads)} \longrightarrow O_{\,(ads)} + H_2O_{\,(ads)}$	−2.96	0.47
$OOH_{\,(ads)} + H_{\,(ads)} \longrightarrow 2OH_{\,(ads)}$	−2.60	1.14
$OOH_{\,(ads)} + H_{\,(ads)} \longrightarrow H_2O_{2\,(ads)}$	−1.44	1.13
$H_2O_{2\,(ads)} \longrightarrow 2OH_{\,(ads)}$	−1.16	0.03
$O_{\,(ads)} + H_{\,(ads)} \longrightarrow OH_{\,(ads)}$	−2.24	0.48
$OH_{\,(ads)} + H_{\,(ads)} \longrightarrow H_2O_{\,(ads)}$	−1.87	0.39

从图 3-7 可以看出，随着这四步还原步骤逐渐进行，体系的能量越来越低，体系越来越趋于更稳定结构。因此，在 FeN_{2+2}-G 表面上进行的 ORR 在热力学上是自发进行的。同时，整条反应路径的活化能都比较低。可见，无论从动力学还是热力学，O_2 都可以在 FeN_{2+2}-G 表面上发生还原反应，并且沿一条四电子反应路径最终还原为 H_2O。反应中的最大活化能（0.62eV）出现在第一个还原步，即 $O_2 {\text{(ads)}} \longrightarrow OOH_{\text{(ads)}}$，该步骤成为整个反应的决速步骤。相对较低的决速步骤活化能说明 ORR 可能会以一个比较快的速度进行，这与实验上观察到的结果相一致 [13,17]，与不含金属的氮杂碳材料表面的 ORR 性质相比，后者的决速步骤是 $O_{\text{(ads)}}$ 的移去反应 [38]。这将意味着在不含金属的氮杂碳材料催化剂上 O_2 的还原有可能终止于二电子还原的阶段，最终产物为 H_2O_2。而在 FeN_{2+2}-G 催化剂上，$OOH_{\text{(ads)}} \longrightarrow H_2O_2 {\text{(ads)}}$ 还原反应较高的活化能以及 H_2O_2 在表面上非常容易解离这两个因素决定了在 FeN_{2+2}-G 催化剂作用下不可能有二电子的产物 H_2O_2 出现。

总体来讲，在 FeN_{2+2}-G 催化剂表面，Fe 位是 O_2 分子及其他所有中间产物的最稳定吸附位，因此 Fe 位是 FeN_{2+2}-G 催化剂的催化活性中心。吸附的氧分子通过四步加氢还原逐步地还原为最终产物 H_2O。具体的路径为 $O_2 {\text{(ads)}} \longrightarrow OOH_{\text{(ads)}} \longrightarrow O_{\text{(ads)}} + H_2O_{\text{(ads)}} \longrightarrow OH_{\text{(ads)}} + H_2O_{\text{(ads)}} \longrightarrow 2H_2O_{\text{(ads)}}$。第一个还原步，即 $O_2 {\text{(ads)}} \longrightarrow OOH_{\text{(ads)}}$ 是整个路径的决速步骤。这意味着可以通过改善 O_2 的吸附和活化来提高 FeN_{2+2}-G 催化剂的 ORR 性能。在整个氧还原反应过程中，生成 H_2O_2 的二电子反应路径是行不通的。从 O_2 分子还原为 H_2O 的四电子路径绕过了 H_2O_2 的生成，直接选择了从 $OOH_{\text{(ads)}}$ 加氢还原为 $H_2O_{\text{(ads)}}$ 和 $O_{\text{(ads)}}$ 的动力学有利路径。FeN_{2+2}-G 催化剂具有非常高的四电子选择性。

3.4 FeN_4-G催化剂的ORR催化机理

本章中得到的形成能的数据显示，FeN_4-G 结构是较难形成的，由于其特殊的对称性，Fe 与四个吡咯型 N 结合的 FeN_4 中心很难与石墨烯载体融为一体[25]，但结合能的结果表明该结构一旦形成就非常稳定。在制备催化剂的过程中经常会用到高温热解的方法，在如此高温的环境下有理由相信这种结构是可以形成的。因此这一小节来讨论 FeN$_4$-G 结构催化剂的 ORR 催化机理。

3.4.1 O$_2$的吸附和解离

与研究 FeN$_{2+2}$-G 催化剂一样，首先考虑了在 FeN$_4$-G 结构上所有可能的氧分子吸附位。优化后的结果显示 O$_2$ 分子只能吸附在 Fe 位上，证明了 Fe 位是 FeN$_4$-G 催化剂的催化活性中心。这一结果与 FeN$_{2+2}$-G 催化剂的情形一致，支持了 M-N$_x$-C$_y$ 部分是 ORR 活性位的结论[15]。吸附在 Fe 位上的 O$_2$ 分子 [O$_{2\,(ads)}$] 有两种不同的吸附结构，一种是 O$_2$ 分子倾斜吸附在表面上，这种结构被称为 end-on 结构。这种倾斜吸附又分为两种，一种为氧分子中的一个 O 原子正好落在 Fe 原子的上方，O—Fe 键长为 1.734Å，而另一个 O 原子在表面上的投影落在七元环内，O—O 键长由自由分子中的 1.227Å 拉长为 1.275Å，如图 3-8（a）所示。另一种结构与前一种相似，O—Fe 键长为 1.740Å，不同只在于第二个 O 原子在表面上的投影落在了五元环内，O—O 键长为 1.278Å，如图 3-8（b）所示。两种结构中氧分子的吸附能分别为 –0.95eV 和 –0.91eV。在本质上，这两种结构的差距并不大。另一种就是所谓的 side-on 结构，即氧分子平行吸附在表面上 [图 3-8（c）]，且 O—O 键的中心在 Fe 原子的正上方。两个氧原子到 Fe 原子的距离相等，都等于 1.90Å。氧分子的吸附能为 –0.70eV，明显比 end-on 结构的吸附作用要弱。平行吸附使得氧分子的 O—O 键长拉得更长，达到 1.344Å。Mulliken 电荷布局分析结果显示氧分子以 side-on 结构和 end-on 结构吸附时从表面获得的电子数分别为 0.298e$^-$ 和 0.247e$^-$，可见以 side-on 结构吸附时从催化剂表面获得更多的电子[39]。从以上所列的结构参数可以看出，相对于 end-on 结构，side-on 结构具有更长的 O—O 键长和 Fe—O 吸附高度。这是否意味着以 side-on 结构吸附的氧分子更易于断裂 O—O 键，发生氧的解离反应呢？因此，首先考察了吸附在表面的氧分子 [O$_{2\,(ads)}$] 的解离。

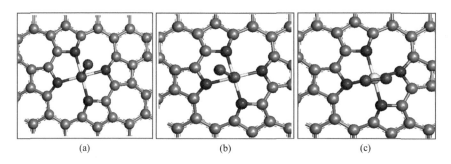

图3-8 O$_2$分子在FeN$_4$-G表面的三种稳定吸附结构

（红色、灰色、黄色和蓝色的球分别代表氧、碳、铁和氮原子）

O$_{2(ads)}$ 的解离反应可以用方程式 O$_{2(ads)}$ ⟶ 2O$_{(ads)}$ 表示，下角标（ads）表示吸附在表面的吸附质。各基元步骤的反应能和活化能列于表 3-3 中。计算结果表明：在 FeN$_4$-G 催化剂表面，O$_{2\ (ads)}$ 的解离反应是一个强烈吸热的反应，反应热为 1.81eV。同时这一反应的活化能很高，达到 2.54eV。与在 FeN$_{2+2}$-G 催化剂上的 O$_{2\ (ads)}$ 解离活化能相当（2.53eV）。显然，side-on 的吸附结构并没有使 O$_{2\ (ads)}$ 的解离变得容易。在燃料电池的工作环境下（大约 80℃），这么高的活化能是很难克服的。与 FeN$_{2+2}$-G 催化剂一样，在 FeN$_4$-G 催化剂表面氧分子的还原反应不可能以氧分子的解离路径进行。

表3-3 FeN$_4$-G表面ORR中各基元反应的反应能（ΔE）和活化能（E_a）

反应步骤	ΔE/eV	E_a/eV
O$_{2\ (ads)}$ ⟶ 2O$_{(ads)}$	1.81	2.54
O$_{2\ (ads)}$ +H$_{(ads)}$ ⟶ OOH$_{(ads)}$	−2.22	0.55
OOH$_{(ads)}$ ⟶ O$_{(ads)}$ +OH$_{(ads)}$	0.40	0.94
OOH$_{(ads)}$ +H$_{(ads)}$ ⟶ O$_{(ads)}$ +H$_2$O$_{(ads)}$	−2.32	0.19
OOH$_{(ads)}$ +H$_{(ads)}$ ⟶ 2OH$_{(ads)}$	−1.75	0.29
OOH$_{(ads)}$ +H$_{(ads)}$ ⟶ H$_2$O$_{2\ (ads)}$	−0.62	0.91
H$_2$O$_{2\ (ads)}$ ⟶ 2OH$_{(ads)}$	−0.89	0.57
O$_{(ads)}$ +H$_{(ads)}$ ⟶ OH$_{(ads)}$	−1.53	0.81
OH$_{(ads)}$ +H$_{(ads)}$ ⟶ H$_2$O$_{(ads)}$	−1.07	1.02

3.4.2 OOH的形成

$O_{2(ads)}$分子的另一种选择是与H^+和e^-结合生成OOH，反应用方程式$O_{2(ads)}+H^++e^- \longrightarrow OOH_{(ads)}$表示。该反应是一个热力学有利的反应，反应放出2.22eV的热量。该步反应的初始结构、过渡态、终态结构及相对能量见图3-9。与在FeN_{2+2}-G催化剂上的情形一样，该反应的初始结构为O_2和H共吸附在Fe位上，这种共吸附的结构虽然比O_2和H分别吸附在不同的吸附位上的结构具有更高的能量（相对稳定性较差），但降低了各吸附质的吸附能，有利于化学反应的进行。从动力学的角度，这种H原子和O_2分子的共吸附结构更有利于它们结合转化为OOH，活化能只有0.55eV，明显低于$O_{2(ads)}$分子的解离活化能2.54eV。同时也比在FeN_{2+2}-G催化剂上该步反应的活化能（0.62eV）略低，说明side-on吸附的氧分子虽然还不能直接使O—O键断裂反应发生，却使O_2分子加氢还原反应相对容易进行。生成的OOH基团中，O—O键长为1.458Å，比气相O_2分子中的O—O键长增长了几乎20%，表明O_2分子在很大程度上已经被活化。生成的OOH可以稳定地吸附在Fe位上，吸附能为-1.74eV，体现了$OOH_{(ads)}$与表面之间非常强的相互作用力。

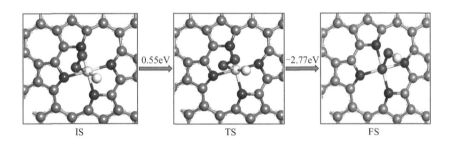

图3-9 优化得到的O_2分子加氢还原为OOH的反应物（IS）、产物（FS）和过渡态（TS）结构以及相对能量

（白色、红色、灰色、黄色和蓝色的球分别代表氢氧、碳、铁和氮原子）

3.4.3 OOH$_{(ads)}$的还原

在ORR的工作环境下，$OOH_{(ads)}$的还原有两种可能的路径。第一是

断裂 O—OH 键，最终生成四电子反应产物 H_2O；第二是结合一个 H 原子，生成二电子反应产物 H_2O_2。首先来讨论四电子反应路径。

吸附在表面的 $OOH_{(ads)}$ 有三种可能的解离路径。方程 $OOH_{(ads)} \longrightarrow O_{(ads)} + OH_{(ads)}$ 表示的是 $OOH_{(ads)}$ 的直接解离，解离的产物是 O 和 OH。稳定的反应物、产物和过渡态结构及相对能量见图 3-10（a）。对照反应物和产物的结构可知，O—OH 键的键长由起始的 1.457Å 变为最后的 2.470Å，清晰地说明了 O—OH 键的断裂。表 3-3 数据显示该反应是一个吸热反应，需要吸收 0.40eV 的热量。同时，该反应还具有较高的活化能（0.94eV），说明该反应的进行是比较困难的。

除直接解离外，O—OH 键的断裂还可以在 H 原子的帮助下进行，即加氢解离。断裂后的产物取决于引入体系的 H 的位置。如上一节所述，结果有两种：一是如方程式 $OOH_{(ads)} + H^+ + e^- \longrightarrow H_2O_{(ads)} + O_{(ads)}$ 所示，解离后的 $OOH_{(ads)}$ 会结合引入的 H 而形成一个 $H_2O_{(ads)}$ 分子和 $O_{(ads)}$ 原子；二是如方程式 $OOH_{(ads)} + H^+ + e^- \longrightarrow 2OH_{(ads)}$ 所示，产物为两个 $OH_{(ads)}$ 基团。这两个反应的反应物、产物和过渡态的结构及相对能量分别示于图 3-10（b）和（c）中。计算结果显示两个反应都是放热反应，反应能分别为 −1.75eV[形成 $H_2O_{(ads)} + O_{(ads)}$] 和 −0.62eV[形成两个 $OH_{(ads)}$]。而且，两个反应的活化能都很低，分别为 0.19eV 和 0.29eV，明显低于 $OOH_{(ads)}$ 直接解离的活化能（0.94eV），这样小的活化能是非常容易克服的。从热力学和动力学的角度看，这两个反应都会以较快的反应速度自发进行。因此，$OOH_{(ads)}$ 的还原很可能以加氢还原解离这两条路径竞争发生，这样就生成了 O 和 OH 两种中间产物。

单个 O 原子在 FeN_4-G 表面的最稳定吸附位仍然是 Fe 位，吸附高度为 1.640Å，吸附能为 −4.33eV。$O_{(ads)}$ 的还原反应表示为方程式 $O_{(ads)} + H^+ + e^- \longrightarrow OH_{(ads)}$。该反应是一个放热反应，放热量为 1.53eV，反应的活化能为 0.81eV，这一活化能虽然比 $OOH_{(ads)}$ 直接解离的活化能（0.94eV）略低，但却远大于 $OOH_{(ads)}$ 的加氢解离活化能（0.19eV 和 0.29eV）。

OH 基团在 FeN_4-G 表面的最稳定吸附位仍然是 Fe 位，吸附高度为 1.802Å，吸附能为 −2.82eV。$OH_{(ads)}$ 的还原反应表示为方程式 $OH_{(ads)} + H^+ + e^- \longrightarrow H_2O_{(ads)}$。该反应也是一个放热反应，放热量为 1.07eV，活化能为 1.02eV。该步的活化能明显高于前面任一反应步骤的活化能。$OH_{(ads)}$

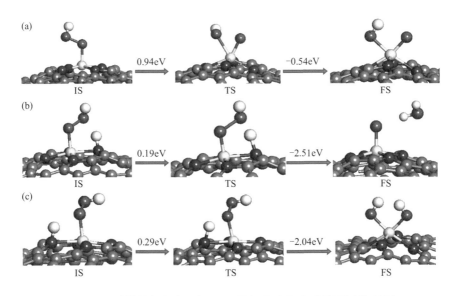

图3-10 OOH直接解离（a）和加H还原反应[（b）和（c）]的反应物（IS）、产物（FS）和过渡态（TS）结构以及相对能量

（白色、红色、灰色、黄色和蓝色的球分别代表氢、氧、碳、铁和氮原子）

的还原步骤是四电子ORR路径中比较关键的一步，因为四电子反应路径的最后一步一定是$OH_{(ads)}$的还原，是反应无法绕开的必经之路。这就意味着如果这一步骤的活化能很大，将很大程度上减缓整个反应的进行，成为整个路径的决速步骤。

　　二电子路径产物H_2O_2的生成反应可以用方程式$OOH_{(ads)}+H^++e^- \longrightarrow H_2O_{2(ads)}$表示。当OOH稳定吸附在Fe位上后，将一个H原子引入体系中，并把该H原子放在直接与Fe相连的那个O原子附近，优化后得到了产物H_2O_2。在FeN_4-G表面H_2O_2可以稳定地吸附在Fe位上，吸附能为−0.55eV。该反应的反应物、产物和过渡态结构及相对能量示于图3-11A中。从图中可以看到，该反应是一个放热反应，反应能为−0.62eV，是一个热力学有利反应。但从动力学角度看，该反应具有比较高的活化能，其值为0.91eV，说明生成H_2O_2的产率应该不会很高。同时优化的结构显示在生成的$H_2O_{2(ads)}$中，O—O键被严重拉长，由气相H_2O_2分子中的1.472Å拉长到1.828Å，增长了大约24%。说明生成的$H_2O_{2(ads)}$已经在很大程度上被活化，几乎使O—O键断裂。这一结果与H_2O_2在酞菁铁、卟啉铁以及FeN_{2+2}-G催化剂上的情形是一样的。这一结果也促使我们同时考察了$H_2O_{2(ads)}$的脱附和解离过程。

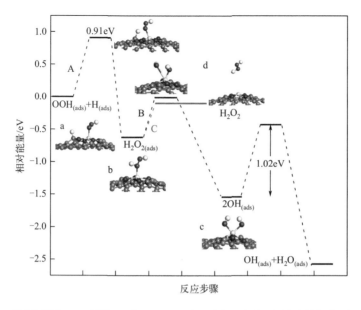

图3-11 优化得到的OOH基团还原为H₂O₂₍ₐds₎的反应物、产物和过渡态结构以及相对能量
（白色、红色、灰色、黄色和蓝色的球分别代表氢、氧、碳、铁和氮原子）

$H_2O_2{}_{(ads)}$ 脱附和解离过程的反应物、产物、过渡态结构及相对能量示于图 3-11B 和图 3-11C 中。$H_2O_2{}_{(ads)}$ 解离用方程 $H_2O_2{}_{(ads)} \longrightarrow 2OH_{(ads)}$ 来表示。该反应也是一个放热反应，反应能为 -0.89eV。同时该反应的活化能较低，为 0.57eV。显然，综合上面提到的这两个反应说明 H_2O_2 分子在 FeN₄-G 表面上较难生成，即使有少量的 $H_2O_2{}_{(ads)}$ 分子生成也是很不稳定的，非常容易发生解离生成两个 $OH_{(ads)}$ 基团。而一旦生成了 $OH_{(ads)}$ 基团，$OH_{(ads)}$ 会被继续还原生成 $H_2O_{(ads)}$ 分子。前面已经讨论过 $OH_{(ads)}$ 还原生成 $H_2O_{(ads)}$ 的反应，该反应有一个较大的活化能（1.02eV）。高的活化能意味着低的反应速率，这也将导致催化剂表面上堆积了大量的 $OH_{(ads)}$ 基团，使反应可能朝着 $H_2O_2{}_{(ads)} \longrightarrow 2OH_{(ads)}$ 逆反应的方向进行，即又生成了 $H_2O_2{}_{(ads)}$ 分子。可见，OH 还原反应的高活化能减缓了 $H_2O_2{}_{(ads)}$ 分子的解离。

另一方面，生成的 $H_2O_2{}_{(ads)}$ 也可以脱附，离开催化剂表面（如图 3-11d）。H_2O_2 的脱附能为 0.55eV，比 H_2O_2 的解离活化能（0.57eV）还略低一点，很容易克服。因此，生成的 $H_2O_2{}_{(ads)}$ 分子更倾向于脱离表面成为自由的分子，这也就意味着从动力学角度看在 FeN₄-G 催化剂表面二电子 ORR 路径比四电子路径更有利，活化能更低。活化能最低的二电子 ORR 通道为：O_2 首先还原为 OOH，OOH 继续加 H 还原为 H_2O_2，然后脱附，脱离催化剂表面。其中 OOH 还原为 H_2O_2 具有最大活化能（0.91eV），成为整条路径的决速步骤。

3.4.4 电极电势对ORR的影响

本小节计算了在酸性介质中 FeN$_4$-G 催化剂表面上将 H_2O_2 和 H_2O 分别作为最终产物的 ORR 吉布斯自由能变化（ΔG）台阶图。如图 3-12 所示，对二电子路径，当电极电势 U 大于零时 OOH 还原为 H_2O_2，这一反应的 ΔG 始终大于零。因此，二电子路径的热力学决速步骤是最后一个还原步骤即 OOH 的还原，该反应在零电势时的 ΔG 值为 0.27eV，不能自发进行。H_2O_2 生成反应正的 ΔG 值意味着在 FeN$_4$-G 催化剂上沿二电子路径的 ORR 催化活性是较差的。如图 3-13 所示 ORR 沿四电子路径的自由能变化台阶图与二电子路径有显著的不同。在较低电极电势下，ORR 的每一基元步骤的 ΔG 值都是小于零的。直到电极电势大于 0.41V，OH 还原为

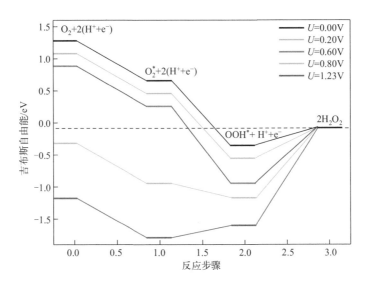

图3-12 在FeN$_4$-G催化剂上酸性介质中不同电极电势（U/V）下
O_2还原为H_2O_2的吉布斯自由能变示意图
（*代表吸附在催化剂表面上）

H_2O的ΔG值大于零。在更高的电极电势下，如电极电势等于1.03V时，O还原为OH以及O_2还原为OOH这两个反应的ΔG值也大于零。总的来讲，ORR沿四电子路径的吉布斯自由能变化台阶图显示在低电势下该路径是有利的，每一步反应都可以自动发生，最后一个还原步骤OH还原为H_2O是整条路径的热力学决速步骤。

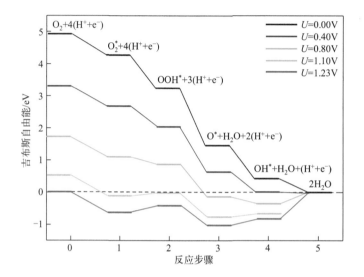

图3-13 在FeN$_4$-G催化剂上酸性介质中不同电极电势（U/V）下
O_2还原为H_2O的吉布斯自由能变示意图
（*代表吸附在催化剂表面上）

3.4.5 ORR催化路径

综合以上计算结果表明，FeN$_4$-G 结构催化剂具有 ORR 催化活性。吸附在 FeN$_4$-G 表面的 O_2 分子由于得到表面转移的电子而被活化，O—O 键被明显拉长。但拉长的 O—O 键并没有使 O_2 分子的解离反应变得容易进行，依然具有很高的解离活化能。因此，活化后的 O_2 分子首选的反应路径是加氢还原为 OOH，活化能为 0.55eV。OOH $_{(ads)}$ 的三种解离反应中直接解离的活化能较大，为 0.94eV，且是一个吸热反应；另外两个加 H 解离反应的活化能都很低，分别为 0.19eV（解离为 O+H_2O）和 0.29eV（解离为 2OH），这两个反应会竞争发生。生成的中间产物 O $_{(ads)}$

和 OH $_{(ads)}$ 继续被还原的活化能分别为 0.81eV 和 1.02eV。显然，OH 的还原反应由于是反应的必经之路而又具有最大的活化能，因此该步反应成为整个反应的动力学决速步骤。从反应的吉布斯自由能变来看，在较低电极电势（小于 0.41V）下整个四电子路径所有反应的 ΔG 值都是小于零的，是热力学自发过程。最后一步 OH 还原为 H_2O 的反应是热力学决速步骤。

沿二电子路径 OOH $_{(ads)}$ 直接还原为 H_2O_2 的活化能为 0.91eV，同时生成的 H_2O_2 $_{(ads)}$ 分子已经严重变形，O—O 键键长比自由的 H_2O_2 分子中的 O—O 键长增长了近 24%，很难在表面上稳定存在，解离为两个 OH 基团的活化能为 0.57eV，但由于生成的 OH 继续还原的活化能较大（1.02eV），因此 H_2O_2 $_{(ads)}$ 分子更倾向于脱离表面，脱附活化能为 0.55eV，这样就生成了二电子反应路径产物，即自由的 H_2O_2 分子。整条路径中最后一个还原步骤 OH $_{(ads)}$ $\longrightarrow$ H_2O_2 $_{(ads)}$ 具有最高活化能，成为整个反应过程的动力学决速步骤。而从自由能变化值结果显示，该步骤也是二电子路径中的热力学决速步骤。在电极电势为零时，该步骤的 ΔG 值是大于零的，反应不能自发进行，二电子反应路径是行不通的。

在 FeN$_4$-G 结构催化剂上 ORR 的最佳反应路径是一个四电子反应路径。具体步骤为 O_2 $_{(ads)}$ $\longrightarrow$ OOH $_{(ads)}$ $\longrightarrow$ 2OH $_{(ads)}$ 或 O $_{(ads)}$ +H_2O $_{(ads)}$ $\longrightarrow$ OH $_{(ads)}$ +H_2O $_{(ads)}$ $\longrightarrow$ 2H_2O $_{(ads)}$，其中，活化能最大的步骤是最后一步 OH $_{(ads)}$ 的还原（1.02eV），是整个反应的动力学决速步骤。同时当电极电势增大时，该步骤的 ΔG 值首先变为正值，是整个反应的热力学决速步骤。

3.5 FeN$_x$-G（x=2+2,4）结构催化剂ORR催化性能

对比本章中的两种结构，其中的 Fe 原子与四个 N 原子相配位，但在 FeN$_{2+2}$-G 结构中四个 N 都是吡啶型而 FeN$_4$-G 结构中的四个 N 都是吡咯型。N 类型的不同也引起了中心结构 FeN$_x$ 周围微环境的不同，这些因素最终

导致两种结构催化剂的 ORR 催化性能存在一些异同点。

第一，两种结构都有 ORR 催化活性，O_2 分子可以化学吸附在活性中心 Fe 原子上，氧分子被活化，O—O 键被不同程度地拉长。

第二，在两种结构上 H_2O_2 都可以稳定存在，但二电子路径都是行不通的。在 FeN_{2+2}-G 催化剂上 H_2O_2 的形成反应有较高的活化能（1.13eV），且生成的 H_2O_2 非常容易解离。而且四电子路径的决速步骤活化能只有 0.62eV，在这样的情况下 H_2O_2 的形成几乎不可能。而在 FeN_4-G 催化剂上导致二电子路径不能发生的关键原因在于 OOH 还原成 H_2O_2 这一步骤的 ΔG 值在电极电势为零时仍然为正值，这意味着该反应将无法自动发生。

第三，在两种结构上 ORR 都可以沿四电子路径进行。在 FeN_{2+2}-G 催化剂上具体的反应路径为 $O_2\,_{(ads)} \longrightarrow OOH\,_{(ads)} \longrightarrow O\,_{(ads)} +H_2O\,_{(ads)} \longrightarrow OH\,_{(ads)} +H_2O\,_{(ads)} \longrightarrow 2H_2O\,_{(ads)}$。第一个还原步 $O_2\,_{(ads)} \longrightarrow OOH\,_{(ads)}$ 是整个路径的决速步骤，活化能为 0.62eV。在 FeN_4-G 催化剂上 ORR 的具体步骤为 $O_2\,_{(ads)} \longrightarrow OOH\,_{(ads)} \longrightarrow 2OH\,_{(ads)}$ 或 $O\,_{(ads)} +H_2O\,_{(ads)} \longrightarrow OH\,_{(ads)} + H_2O\,_{(ads)} \longrightarrow 2H_2O\,_{(ads)}$，其中最后一步 $OH\,_{(ads)}$ 的还原活化能最大，为 1.02eV，成为整个反应的决速步骤。比较两种结构催化剂上决速步骤的活化能可见 FeN_4-G 催化剂的 ORR 活性比 FeN_{2+2}-G 催化剂要差很多，意味着对 FeN_x-G 催化剂，相同 N 原子配位数的情况下吡啶型 N 比吡咯型 N 具有更高的 ORR 催化活性和四电子选择性。

参考文献

[1] Jasinski R. A New Fuel Cell Cathode Catalyst. Nature, 1964, 201(4925): 1212-1213.

[2] Anderson A B, Sidik R A. Oxygen Electroreduction on Fe^{II} and Fe^{III} Coordinated to N_4 Chelates. Reversible Potentials for the Intermediate Steps from Quantum Theory. Journal of Physical Chemistry B, 2004, 108(16): 5031-5035.

[3] Chang S T, Wang C H, Du H Y, et al. Vitalizing Fuel Cells with Vitamins: Pyrolyzed Vitamin B12 as a Non-Precious Catalyst for Enhanced Oxygen Reduction Reaction of Polymer Electrolyte Fuel Cells. Energy & Environmental Science, 2012, 5(1): 5305-5314.

[4] Kiros Y. Metal Porphyrins for Oxygen Reduction in PEMFC. International Journal

of Electrochemical Science, 2007, 2: 285-300.

[5] Fournier J, Lalande G, Còté R, et al. Activation of Various Fe‑Based Precursors on Carbon Black and Graphite Supports to Obtain Catalysts for the Reduction of Oxygen in Fuel Cells. Journal of The Electrochemical Society, 1997, 144(1): 218-226.

[6] Bagotzky V, Tarasevich M, Radyushkina K, et al. Electrocatalysis of the Oxygen Reduction Process on Metal Chelates in Acid Electrolyte. Journal of power sources, 1978, 2(3): 233-240.

[7] Pylypenko S, Mukherjee S, Olson T S, et al. Non-Platinum Oxygen Reduction Electrocatalysts Based on Pyrolyzed Transition Metal Macrocycles. Electrochimica Acta, 2008, 53(27): 7875-7883.

[8] Schilling T, Bron M. Oxygen Reduction at Fe-N-Modified Multi-Walled Carbon Nanotubes in Acidic Electrolyte. Electrochimica Acta, 2008, 53(16): 5379-5385.

[9] GreeleyJ, Stephens I E L, Bondarenko A S, et al. Alloys of Platinum and Early Transition Metals as Oxygen Reduction Electrocatalysts. Nature Chemistry, 2009, 1(7): 552-556.

[10] Thorum M S, Hankett J M, Gewirth A A. Poisoning the Oxygen Reduction Reaction on Carbon-Supported Fe and Cu Electrocatalysts: Evidence for Metal-Centered Activity. Journal of Physical Chemistry Letters, 2011, 2(4): 295-298.

[11] Gupta S, Tryk D, Bae I, et al. Heat-treated polyacrylonitrile-based catalysts for oxygen electroreduction. Journal of Applied Electrochemistry, 1989, 19: 19-27.

[12] Yuasa M, Yamaguchi A, Itsuki H, et al. Modifying Carbon Particles with Polypyrrole for Adsorption of Cobalt Ions as Electrocatatytic Site for Oxygen Reduction. Chemistry of materials, 2005, 17(17): 4278-4281.

[13] Lefèvre M, Proietti E, Jaouen F, et al. Iron-Based Catalysts with Improved Oxygen Reduction Activity in Polymer Electrolyte Fuel Cells. Science, 2009, 324(5923): 71-74.

[14] Gong K, Du F, Xia Z, et al. Nitrogen-Doped Carbon Nanotube Arrays with High Electrocatalytic Activity for Oxygen Reduction. Science, 2009, 323(5915): 760-764.

[15] Bouwkamp-Wijnoltz A, Visscher W, van Veen J, et al. On Active-Site Heterogeneity in Pyrolyzed Carbon-Supported Iron Porphyrin Catalysts for the Electrochemical Reduction of Oxygen: An in Situ Mössbauer Study. Journal of Physical Chemistry B, 2002, 106(50): 12993-13001.

[16] Liu R, Wu D, Feng X, et al. Nitrogen-Doped Ordered Mesoporous Graphitic Arrays with High Electrocatalytic Activity for Oxygen Reduction. Angewandte Chemie, 2010, 122(14): 2619-2623.

[17] Wu G, More K L, Johnston C M, et al. High-Performance Electrocatalysts for Oxygen Reduction Derived from Polyaniline, Iron, and Cobalt. Science, 2011, 332(6028): 443-447.

[18] Yu D, Xue Y, Dai L. Vertically Aligned Carbon Nanotube Arrays Co-Doped with Phosphorus and Nitrogen as Efficient Metal-Free Electrocatalysts for Oxygen Reduction. Journal of Physical Chemistry Letters, 2012, 3(19): 2863-2870.

[19] Bezerra C W B, Zhang L, Lee K, et al. A Review of Fe-N/C and Co-N/C Catalysts for the Oxygen Reduction Reaction. Electrochimica Acta, 2008, 53(15): 4937-4951.

[20] Lalande G, Cote R, Guay D, et al. Is Nitrogen Important in the Formulation of Fe-Based Catalysts for Oxygen Reduction in Solid Polymer Fuel Cells? Electrochimica Acta, 1997, 42(9): 1379-1388.

[21] Jaouen F, Marcotte S, Dodelet J-P, et al. Oxygen Reduction Catalysts for Polymer Electrolyte Fuel Cells from the Pyrolysis of Iron Acetate Adsorbed on Various Carbon Supports. Journal of Physical Chemistry B, 2003, 107(6): 1376-1386.

[22] Lefèvre M, Dodelet J P, Bertrand P. O_2 Reduction in Pem Fuel Cells: Activity and Active Site Structural Information for Catalysts Obtained by the Pyrolysis at High Temperature of Fe Precursors. Journal of Physical Chemistry B, 2000, 104(47): 11238-11247.

[23] Lefèvre M, Dodelet J P. Fe-Based Catalysts for the Reduction of Oxygen in Polymer Electrolyte Membrane Fuel Cell Conditions: Determination of the Amount of Peroxide Released During Electroreduction and Its Influence on the Stability of the Catalysts. Electrochimica Acta, 2003, 48(19): 2749-2760.

[24] Lefèvre M, Dodelet J, Bertrand P. Molecular Oxygen Reduction in Pem Fuel Cells: Evidence for the Simultaneous Presence of Two Active Sites in Fe-Based Catalysts. Journal of Physical Chemistry B, 2002, 106(34): 8705-8713.

[25] Charreteur F, Jaouen F, Ruggeri S, et al. Fe/N/C Non-Precious Catalysts for Pem Fuel Cells: Influence of the Structural Parameters of Pristine Commercial Carbon Blacks on Their Activity for Oxygen Reduction. Electrochimica Acta, 2008, 53(6): 2925-2938.

[26] Ziegelbauer J M, Olson T S, Pylypenko S, et al. Direct Spectroscopic Observation

of the Structural Origin of Peroxide Generation from Co-Based Pyrolyzed Porphyrins for Orr Applications. Journal of Physical Chemistry C, 2008, 112(24): 8839-8849.

[27] Titov A, Zapol P, Král P, et al. Catalytic Fe-X N Sites in Carbon Nanotubes. Journal of Physical Chemistry C, 2009, 113(52): 21629-21634.

[28] Maruyama J, Okamura J, Miyazaki K, et al. Two-Step Carbonization as a Method of Enhancing Catalytic Properties of Hemoglobin at the Fuel Cell Cathode. Journal of Physical Chemistry C, 2007, 111(18): 6597-6600.

[29] Maruyama J, Abe I. Fuel Cell Cathode Catalyst with Heme-Like Structure Formed from Nitrogen of Glycine and Iron. Journal of The Electrochemical Society, 2007, 154(3): B297-B304.

[30] Maruyama J, Abe I. Structure Control of a Carbon-Based Noble-Metal-Free Fuel Cell Cathode Catalyst Leading to High Power Output. Chemical Communications, 2007(27): 2879-2881.

[31] Maruyama J, Abe I. Formation of Platinum-Free Fuel Cell Cathode Catalyst with Highly Developed Nanospace by Carbonizing Catalase. Chemistry of Materials, 2005, 17(18): 4660-4667.

[32] Maruyama J, Abe I. Carbonized Hemoglobin Functioning as a Cathode Catalyst for Polymer Electrolyte Fuel Cells. Chemistry of Materials, 2006, 18(5): 1303-1311.

[33] Maruyama J, Fukui N, Kawaguchi M, et al. Application of Nitrogen-Rich Amino Acids to Active Site Generation in Oxygen Reduction Catalyst. Journal of Power Sources, 2008, 182(2): 489-495.

[34] Lee D H, Lee W J, Lee W J, et al. Theory, Synthesis, and Oxygen Reduction Catalysis of Fe-Porphyrin-Like Carbon Nanotube. Physical Review Letters, 2011, 106(17): 175502.

[35] Zhang L, Xia Z. Mechanisms of Oxygen Reduction Reaction on Nitrogen–Doped Graphene for Fuel Cells. Journal of Physical Chemistry C, 2011, 115(22): 11170-11176.

[36] Chen R, Li H, Chu D, et al. Unraveling Oxygen Reduction Reaction Mechanisms on Carbon-Supported Fe-Phthalocyanine and Co-Phthalocyanine Catalysts in Alkaline Solutions. Journal of Physical Chemistry C, 2009, 113(48): 20689-20697.

[37] Sun S, Jiang N, Xia D. Density Functional Theory Study of the Oxygen Reduction

Reaction on Metalloporphyrins and Metallophthalocyanines. Journal of Physical Chemistry C, 2011, 115(19): 9511-9517.

[38] Yu L, Pan X, Cao X, et al. Oxygen Reduction Reaction Mechanism on Nitrogen-Doped Graphene: A Density Functional Theory Study. Journal of Catalysis, 2011, 282(1): 183-190.

[39] Zhang P, Chen X F, Lian J S, et al. Structural Selectivity of Co Oxidation on Fe/N/C Catalysts. Journal of Physical Chemistry C, 2012, 116(33): 17572-17579.

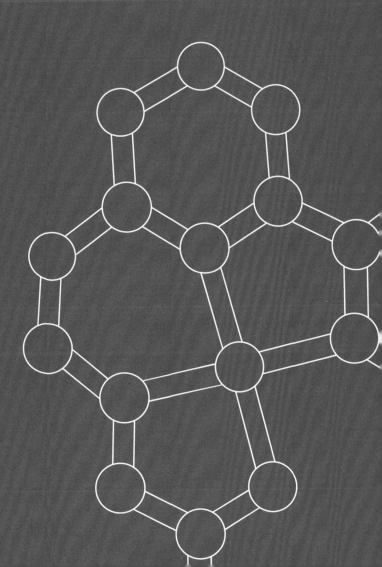

第**4**章　FeN₂-G结构
催化剂性能
研究

催化剂金属中心的微环境可以在很大程度上影响催化剂对 ORR 的催化性能。对含过渡金属 Fe 的催化剂，文献 [1-17] 中提出了很多种活性中心，但主要集中在两类：一类为 FeN_4/C，这种结构在低温下容易形成；另一类为 FeN_2/C，该结构在较高的温度下容易形成，且认为这种结构催化 ORR 沿四电子反应路径发生。绝大多数理论计算都集中在对 FeN_4/C 结构的研究上，对 FeN_2/C 结构的研究却很少。在本章节中采用 DFT 理论计算方法研究了三种含 FeN_2 中心（结构中的两个 N 原子都是吡啶型氮）的石墨烯结构作为氧还原反应催化剂的催化性能，比较了三种催化剂的 ORR 催化活性，从微观的角度阐述了由于两个 N 原子位置的不同而导致的催化剂电子结构、前线分子轨道等性质的不同，最终导致不同的 ORR 催化性能，从而揭示催化剂结构与性能之间的构效关系，为实验上科学地调控活性中心结构提供了理论指导。

4.1 计算参数及模型

本章使用的模型是在（5×5）的周期性石墨烯晶胞中杂入 FeN_2 结构，真空层厚度为 15Å，以确保相邻两层之间的相互作用力可以忽略不计。如图 4-1 所示。FeN_2-G 模型是在上一章 FeN_{2+2}-G 结构的基础上把其中的两个 N 原子用 C 原子替换。由于两个 N 原子位置的不同，出现了 FeN_2-G（A）、FeN_2-G（B）和 FeN_2-G（C）三种不同的结构。与 FeN_{2+2}-G 结构一样，优化后得到的 FeN_2-G（A）和 FeN_2-G（B）结构中所有的原子都处于同一个平面内。在 FeN_2-G（A）结构中两个 N 原子处于 Fe 原子的两侧，形成的两个 Fe—N 键键长由 FeN_{2+2}-G 结构中的 1.90Å 拉长为 1.92Å，两个 Fe—C 键键长几乎相等，约为 1.90Å。在 FeN_2-G（B）结构中两个 N 原子位于 Fe 原子的同一侧且处于同一个六元环中，形成的两个 Fe—N 键键长为 1.96Å，比 FeN_{2+2}-G 及 FeN_2-G（A）结构中的 Fe—N 键都要长。两个 Fe—C 键键长也几乎相等，约为 1.87Å，比 FeN_2-G（A）中的 Fe—C 键稍短；而 FeN_2-G（C）结构中两个 N 原子位于 Fe 原子的同一侧且处于同一个五元环中，优化后该结构变形较为严重，其中的 Fe 原子明显凸出于平面（图 4-1 侧视图）。由于 Fe 原子的凸起使得形成的两个 Fe—N 键键长拉长到 2.02Å，两个 Fe—C 键键长拉长到 1.95Å。从计算得到的形成能数据也可以看到 FeN$_2$-G（C）结构是三种催化剂中最难形成的。

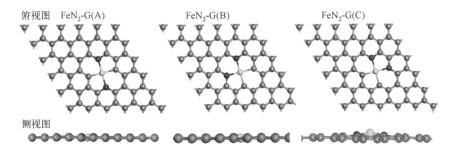

图4-1 优化得到的三种FeN$_2$-G结构的俯视图和侧视图
（灰色、蓝色和绿色的球分别表示C、N、Fe原子）

几种结构催化剂的形成能和结合能列于表 4-1 中。从结果来看，三种 FeN$_2$-G 结构的形成能均为负值，这就意味着三种 FeN$_2$-G 结构都比较容易形成，形成这些结构是放热的热力学有利过程。其中，FeN$_2$-G（C）结构的形成能最小（绝对值）为 −0.86eV，是最难形成的。FeN$_2$-G（B）结构的形成能最负为 −1.62eV，是最容易形成的。但与 FeN$_{2+2}$-G 结构的形成能 −4.17eV 相比还是相差很大，说明 FeN$_2$-G 结构比 FeN$_{2+2}$-G 更难以形成。这一结果支持了实验上得到的 FeN$_4$/C 结构在低温下容易形成，而 FeN$_2$/C 结构需要在较高温度下才能形成的结论。从过渡金属的结合能来看，三种 FeN$_2$-G 结构的结合能分别为 −8.60eV，−8.87eV 和 −8.30eV。结合能越负表示金属 Fe 与其配位的原子之间越强的相互作用力。比较结合能发现三者相差不大，但仍然是 FeN$_2$-G（B）结构具有最负的结合能，可见 FeN$_2$-G（B）是三种结构中最容易形成且最稳定的结构，相同的条件下 FeN$_2$-G（B）结构会优先生成且稳定存在。相比之下，FeN$_{2+2}$-G 具有比三种 FeN$_2$-G 结构都小（绝对值）的结合能，说明 FeN$_{2+2}$-G 结构没有 FeN$_2$-G 结构稳定。

表4-1 几种FeN$_x$-G结构的形成能（E_f）和结合能（BE）

结构	E_f/eV	BE/eV
FeN$_2$-G（A）	−1.29	−8.60
FeN$_2$-G（B）	−1.62	−8.87
FeN$_2$-G（C）	−0.86	−8.30
FeN$_4$-G	1.17	−9.24
FeN$_{2+2}$-G	−4.17	−8.21

4.2 中间体的吸附

4.2.1 氧分子的吸附

在 ORR 过程中共有 O$_2$、OOH、O、OH、H$_2$O 和 H$_2$O$_2$ 六种反应中间体。一般氧分子有两种吸附模式：side-on 结构和 end-on 结构。在很多体系上两种吸附结构都是可能的。在优化得到的三种 FeN$_2$-G 表面上，O$_2$ 分子都可以以两种结构吸附在催化剂上。如图 4-2（a）~（c）所示 O$_2$ 分子以 side-on 结构吸附在三种表面上，图 4-2（d）~（f）所示 O$_2$ 分子以 end-on 结构吸附在三种表面上。从图中可以看到，氧分子的稳定吸附位都是金属 Fe 位。由于氧分子的吸附使 Fe 原子不同程度地凸出于石墨烯表面，使得 Fe—N 键和 Fe—C 键都被明显拉长。表 4-2 中列出了 O$_2$ 分子以两种吸附结构吸附在三种 FeN$_2$-G 表面上的吸附性质，包括吸附能（E_{ads}/eV）和 O—O 键长（R_{O-O}/Å）。结果表明：与自由 O$_2$ 分子中键长 1.225Å 相比，吸附的氧分子 [O$_2$ (ads)] 的 O—O 键长被不同程度地拉长。在三种催化剂上，end-on 吸附的 O—O 键长几乎是相等的，都等于 1.281Å；side-on 吸附的 O—O 键长不等，但都比 end-on 吸附的键长更长，其中最长的在 FeN$_2$-G（A）体系中，键长达到 1.421Å。Mulliken 电荷布居分析结果表明有 0.56e$^-$ 从 FeN$_2$-G（A）表面转移到 O$_2$ (ads) 上。证明 O$_2$ (ads) 是个电子受体。从 FeN$_2$-G（A）表面获得了更多的电子，接受的电子占据了 O$_2$ 的 2π* 反键轨道，使得氧分子的键级降低，从而使 O—O 键拉长到了 1.421Å[18]。

与过氧离子 O_2^{2-} 的 O—O 键长（1.30Å ～ 1.55Å）[19] 接近，由此说明，O_2 在 FeN$_2$-G（A）表面吸附以后，由于从表面获得了电子使其变成了过氧离子[20]。另外，1.421Å 的 O—O 键长与吸附在表面的 OOH 中的 O—O 键长 1.499Å 已经非常接近，这是否意味着有利于 O_2 (ads) 向生成 OOH 的路径进行呢？当然，如此长的键长也可能预示着 O_2 (ads) 将直接断裂 O—O 键，以氧的解离机理进行还原。

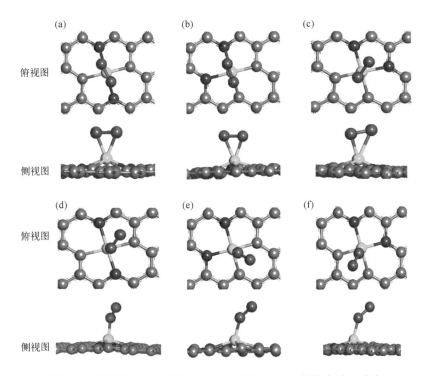

图4-2 O_2分子以side-on结构（a）～（c）和end-on结构（d）～（f）吸附在三个FeN$_2$-G体系上的俯视图和侧视图

（红色、灰色、蓝色和绿色的球分别表示O、C、N、Fe原子）

表4-2 O_2分子以两种吸附结构吸附在三种FeN$_2$-G表面上的吸附能（E_{ads}）和O—O键长（R_{O-O}）

项目	E_{ads}（side-on）/eV	E_{ads}（end-on）/eV	R_{O-O}（side-on）/Å	R_{O-O}（end-on）/Å
FeN$_2$-G（A）	−1.55	−1.39	1.421	1.281
FeN$_2$-G（B）	−1.48	−1.36	1.361	1.282
FeN$_2$-G（C）	−1.77	−1.78	1.342	1.281

从吸附能的结果来看，在 FeN₂-G（A）和 FeN₂-G（B）两个体系中，O_2 分子以 side-on 结构吸附的吸附能比 end-on 结构的吸附能大（绝对值），说明 O_2 分子更倾向于以 side-on 结构吸附在这两个表面上。而在 FeN₂-G（C）体系中，side-on 结构与 end-on 吸附结构具有几乎相等的吸附能，为 –1.77eV，比 O_2 分子在 FeN₂-G（A）和 FeN₂-G（B）两个体系上的吸附能都大（绝对值），表现出更强的吸附。必须指出的是 ORR 过程中 O_2 分子在催化剂表面的吸附强度应该在一个适当的范围内，太大或者太小都不利于反应的进行[21]。太强的 O_2(ads) 吸附会使氧分子长时间占据催化剂活性位点，增加后续反应的活化能，减慢反应的进行[14]。O_2 分子在 FeN₂-G（A）和 FeN₂-G（B）两个体系上以 end-on 结构吸附时的吸附能与之前报道[21]中 O_2 分子吸附能的理想值比较接近。因此，这两个催化剂可能更适合催化 ORR 的发生。

4.2.2 H₂O₂分子的吸附与解离

H_2O_2 分子在催化剂表面的吸附将直接决定 ORR 能不能以二电子路径发生反应。经过优化发现，在三个 FeN₂-G 表面上，H_2O_2 分子都不能稳定吸附。在 FeN₂-G（A）上，优化后 H_2O_2 分子直接解离为两个 OH 基团分别吸附在 Fe 原子的两侧（如图 4-3 所示）。两个 O 原子的距离为 2.54Å。这与 H_2O_2 分子吸附在 Fe- 酞菁[22]、金属 – 聚苯胺[23]、CoN₂-G[24] 和 FeN₃-G[25] 体系上的情况是一样的。而在 FeN₂-G（B）和 FeN₂-G（C）两个体系上，优化后的 H_2O_2 分子直接解离为 O 和 H_2O（图 4-3）。其中 O 原子仍然吸附在 Fe 位，而 H_2O 分子则远离了催化剂表面。很明显，在

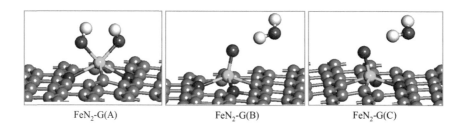

FeN₂-G(A)   FeN₂-G(B)   FeN₂-G(C)

图4-3 在FeN₂-G（A）、FeN₂-G（B）和FeN₂-G（C）表面上H₂O₂优化后的解离结构
（白色、红色、灰色、蓝色和绿色的球分别表示H、O、C、N、Fe原子）

FeN$_2$-G体系中，H$_2$O$_2$分子是不稳定的，优化后会直接解离，这就意味着在FeN$_2$-G体系中ORR是不可能沿二电子反应路径进行的。因此，在本章节下面的部分中不再考虑二电子ORR路径。

4.2.3 其他中间体的吸附

其他中间体在 FeN$_2$-G 体系中的吸附性质列于表 4-3 中。表中数据显示所有的中间产物都可以稳定地吸附在 Fe 位上，并且具有较大的吸附能。就像 O$_2$ 的吸附一样，OOH、OH、O 和 H$_2$O 在 FeN$_2$-G（C）体系中的吸附比它们在 FeN$_2$-G（A）和（B）两个体系中的吸附要更强。尤其是 H$_2$O 分子的吸附，在 FeN$_2$-G（C）上水分子的吸附能为 –0.85eV，几乎是它在 FeN$_2$-G（A）体系中吸附能的 2 倍，是 FeN$_2$-G（B）体系中吸附能的 3 倍。考虑到 ORR 发生在水溶液中，而 Fe 位也是 O$_2$ 分子的最稳定吸附位，因此太强的水分子吸附会使本身溶液中的水分子占据催化剂表面活性位，同时 ORR 四电子反应路径的产物水很难脱附离开表面，严重阻碍反应继续进行。从这个角度来看，FeN$_2$-G（C）很难成为好的 ORR 催化剂。

表4-3 在三种FeN$_2$-G表面上ORR各中间体的吸附能（E_{ads}）、d_{O-Fe}（O、Fe原子之间距离）和d_{O-X}（O原子、基团X之间距离）

中间体	FeN$_2$-G（A）			FeN$_2$-G（B）			FeN$_2$-G（C）		
	E_{ads}/eV	d_{O-Fe}/Å	d_{O-X}/Å	E_{ads}/eV	d_{O-Fe}/Å	d_{O-X}/Å	E_{ads}/eV	d_{O-Fe}/Å	d_{O-X}/Å
O	−4.98	1.61	—	−4.68	1.61	—	−5.20	1.60	—
OH	−3.44	1.76	0.98	−3.17	1.78	0.97	−3.56	1.77	0.98
OOH	−2.37	1.71	1.50	−1.91	1.81	1.48	−2.49	1.71	1.46
H$_2$O	−0.46	2.07	0.98	−0.27	2.04	0.98	−0.85	2.04	0.98

4.2.4 结构对吸附性质的影响

为了解释三种 FeN$_2$-G 催化剂表面对 ORR 中间产物不同的吸附能力，计算了三种催化剂的前线分子轨道（FMO），并与纯净的石墨烯表面相比较，结果示于图 4-4 中。

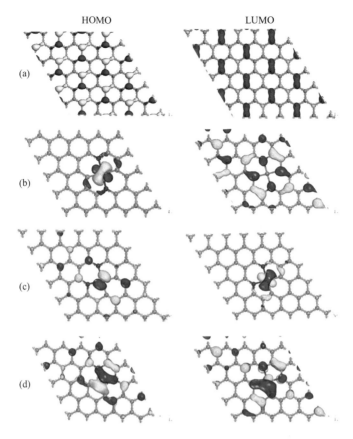

图4-4 （a）纯净的石墨烯、（b）FeN$_2$-G（A）、（c）FeN$_2$-G（B）、（d）FeN$_2$-G（C）四种催化剂结构的HOMO和LUMO轨道示意图

从图形来看，纯净的石墨烯表面的 FMO 是非常离域的，均匀地分布在整个表面上，这就导致该体系的吸附能力非常弱。由于 Fe 和 N 原子的掺杂使得三种 FeN$_2$-G 催化剂的 FMO 都局域于 FeN$_2$ 中心，这将导致 FeN$_2$ 中心可以有效地捕获吸附质。三种结构前线分子轨道能量及带隙列于表 4-4 中。比较来看，FeN$_2$-G（A）和 FeN$_2$-G（C）具有比 FeN$_2$-G（B）结构较高的 HOMO 能量和较小的 HOMO-LUMO 带隙。高的 HOMO 能量意味着这两个结构更容易为吸附质提供电子，小的带隙也证明了它们比 FeN$_2$-G（B）结构有更好的反应性。结合前面得到的形成能的数据：FeN$_2$-G（A）和 FeN$_2$-G（C）具有比 FeN$_2$-G（B）较低（绝对值）的形成能，这也意味着前两种结构有相对较高的不稳定性。值得注意的是，尽管 FeN$_2$-G（C）结构表现出比 FeN$_2$-G（A）较低的 HOMO 能以及更大的

HOMO-LUMO 带隙，但对所有中间产物在 FeN$_2$-G（C）结构上的吸附能要比在 FeN$_2$-G（A）上大，吸附更强。这可能要归功于 FeN$_2$-G（C）的结构特征，在三种结构中只有 FeN$_2$-G（C）的 FeN$_2$ 中心是凸出于表面的，这使得吸附质分子更容易靠近活性位点，有效地降低了空间位阻。

表4-4 三种FeN$_2$-G结构的最高已占轨道（HOMO）和最低未占轨道（LUMO）的能量及带隙（gap）值

结构	E_{HOMO}/eV	E_{LUMO}/eV	带隙值/eV
FeN$_2$-G（A）	−4.608	−4.348	0.260
FeN$_2$-G（B）	−5.223	−4.453	0.770
FeN$_2$-G（C）	−4.746	−4.361	0.385

三个纯净的以及吸附了中间产物的 FeN$_2$-G 体系中 Fe 原子的 Mulliken 电荷布居分析结果列于表 4-5 中。在 FeN$_2$-G（A）、FeN$_2$-G（B）和 FeN$_2$-G（C）中，Fe 原子的 Mulliken 电荷数分别为 0.547e$^-$、0.536e$^-$ 和 0.466e$^-$，很明显，在这些结构中 Fe 原子失去了部分电子。而在吸附体系中由于含氧基团强的吸电子能力使得 Fe 原子失去了更多的电子。以氧分子吸附为例，相对于纯净表面，在 FeN$_2$-G（A）、FeN$_2$-G（B）和 FeN$_2$-G（C）体系中 Fe 原子分别多失去了 0.153e$^-$、0.144e$^-$、0.194e$^-$ 电子。可见在 FeN$_2$-G（C）体系中有更多的电子从 Fe 原子传递给 O$_2$ 分子。其他的中体产物也与 O$_2$ 分子一样（如表 4-5 中的 ΔM 值所示），在 FeN$_2$-G（C）体系中获得了更多的电子。因此，这些中间产物在 FeN$_2$-G（C）结构上具有

表4-5 三个纯净FeN$_2$-G体系中Fe原子的Mulliken电荷数（M/e$^-$）以及在吸附了中间体的体系中相对于纯净表面中Fe原子的Mulliken电荷的改变值（ΔM/e$^-$）

吸附体系	FeN$_2$-G（A）		FeN$_2$-G（B）		FeN$_2$-G（C）	
	M/e$^-$	ΔM/e$^-$	M/e$^-$	ΔM/e$^-$	M/e$^-$	ΔM/e$^-$
纯净表面	0.547	—	0.536	—	0.466	—
O$_2$（side-on）	0.700	0.153	0.680	0.144	0.660	0.194
O$_2$（end-on）	0.621	0.074	0.600	0.064	0.596	0.130
O	0.719	0.172	0.689	0.153	0.695	0.229
OH	0.682	0.135	0.691	0.155	0.683	0.217
OOH	0.677	0.130	0.665	0.129	0.653	0.187
H$_2$O	0.579	0.032	0.572	0.036	0.573	0.107

最强的吸附能，其次为FeN$_2$-G（A）结构，最弱是FeN$_2$-G（B）结构，也正因为FeN$_2$-G（A）和FeN$_2$-G（C）上太强的吸附从而降低了这两种催化剂的ORR催化活性。

4.3 ORR催化机理

4.3.1 O$_{2(ads)}$的解离和还原

表 4-6 列出了在三种 FeN$_2$-G 催化剂上 ORR 中包含的各基元反应的反应能（ΔE）和活化能（E_a）。从结果可以看出，O$_{2(ads)}$ 的解离反应如同之前研究的在 FeN$_{2+2}$-G 和 FeN$_4$-G 两个体系中一样。该反应在三个 FeN$_2$-G 结构上仍然是一个吸热反应，同时具有较高的活化能。即使在 FeN$_2$-G(C) 结构上的活化能最低也达到了 1.11eV。虽然相对于另外两个体系的解离活化能（1.46eV 和 2.05eV）已经有所降低，但对于燃料电池的工作条件来讲还是比较高。说明拉长的 O—O 键并没有使氧分子的解离变得容易，氧分子的解离路径在 FeN$_2$-G 催化剂上仍然是行不通的。

表4-6 三种FeN$_2$-G催化剂上ORR中包含的各基元反应的反应能（ΔE）和活化能（E_a）

反应步骤	FeN$_2$-G（A）		FeN$_2$-G（B）		FeN$_2$-G（C）	
	ΔE/eV	E_a/eV	ΔE/eV	E_a/eV	ΔE/eV	E_a/eV
O$_{2(ads)}$ ⟶ 2O$_{(ads)}$	1.83	2.05	0.59	1.46	0.13	1.11
O$_{2(ads)}$ +H$_{(ads)}$ ⟶ OOH$_{(ads)}$	−1.88	0.19	−1.67	0.34	−1.45	0.67
OOH$_{(ads)}$ ⟶ O$_{(ads)}$ +OH$_{(ads)}$	−0.37	0.70	−0.39	0.62	−0.22	0.21
OOH$_{(ads)}$ +H$_{(ads)}$ ⟶ O$_{(ads)}$ +H$_2$O$_{(ads)}$	−2.26	0.81	−2.10	0.50	−3.34	0.15
OOH$_{(ads)}$ +H$_{(ads)}$ ⟶ 2OH$_{(ads)}$	−2.27	0.21	−3.25	0.19	−2.34	0.42
O$_{(ads)}$ +H$_{(ads)}$ ⟶ OH$_{(ads)}$	−1.23	0.26	−1.77	0.73	−1.92	0.69
OH$_{(ads)}$ +H$_{(ads)}$ ⟶ H$_2$O$_{(ads)}$	−0.16	0.60	−1.12	0.56	−0.10	0.47

O$_{2(ads)}$ 分子的另一种选择是结合引入体系的 H 原子，还原为产物 OOH。从表 4-6 可知，在三个 FeN$_2$-G 结构上该反应都是一个放热反应，

同时活化能并不高，在 FeN$_2$-G（C）结构上活化能数值最大为 0.67eV，在 FeN$_2$-G（A）结构上活化能最小，只有 0.19eV。以 FeN$_2$-G（A）体系为例，该反应的反应物、过渡态和产物的结构示于图 4-5 中，在反应物结构中 H 原子吸附在 Fe—C 键的桥位且靠近 C 原子的一边，H—C 距离为 1.121Å，H—Fe 距离为 1.780Å。由于 H 原子的吸附，该 C 原子略凸出于表面。也由于 H 原子吸附在 Fe—C 的桥位，而使得平行吸附在 Fe 正上方的 O$_2$ 分子偏离了原先的位置，到了另一个 Fe—C 键的桥位。两个 O 原子到 Fe 原子的距离分别为 1.840Å 和 1.921Å。在过渡态结构中 H—C 距离被拉长到 1.400Å，其中一个 O—Fe 距离被拉近到 1.816Å，O—O 的键长拉长到 1.499Å，已经与产物 OOH 中的 O—O 的键长相等，为形成产物做好准备。反应生成的产物 OOH 稳定地吸附在 Fe 位上，吸附高度为 1.704Å，吸附能为 –2.37eV。OOH 的吸附也使 Fe 原子凸出于表面，体现了 OOH 与表面之间较强的相互作用力。该反应的活化能非常低，只有 0.19eV，比 O$_2$ 分子的解离活化能（2.05eV）要低很多。同时也明显低于该反应在另外两个体系上的活化能。之所以有这样的结果还要归结于 O$_{2(ads)}$ 在 FeN$_2$-G（A）结构中较长的 O—O 键长（1.421Å），与吸附在该体系上的 OOH$_{(ads)}$ 中 O—O 的键长 1.499Å 非常接近。可见，FeN$_2$-G（A）结构使吸附在表面的氧分子的 O—O 键长增长，削弱 O—O 键能，虽然还不能直接使 O—O 键断裂反应发生但却使得 O$_{2(ads)}$ 分子的加氢还原反应变得异常容易。

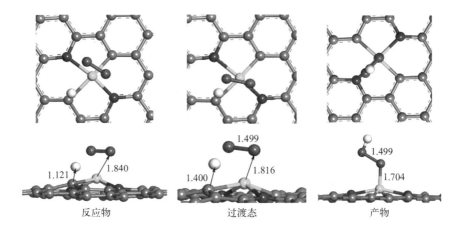

图4-5 在FeN$_2$-G（A）结构上O$_{2(ads)}$还原为OOH$_{(ads)}$的反应物、过渡态和产物结构
（图中数字标注了原子之间的距离，单位为Å；白色、红色、灰色、蓝色和绿色的球
分别表示H、O、C、N、Fe原子）

O$_2$ $_{(ads)}$ 分子的加氢还原反应在 FeN$_2$-G（B）和 FeN$_2$-G（C）上的情形与在 FeN$_2$-G（A）体系中基本一致，在此不再赘述。总体来讲，O$_2$ $_{(ads)}$ 还原为 OOH $_{(ads)}$ 在三种 FeN$_2$-G 催化剂上都具有较低的活化能，是 O$_2$ $_{(ads)}$ 分子在 FeN$_2$-G 结构催化剂上的首选路径。

4.3.2 OOH的解离和还原

吸附的 OOH $_{(ads)}$ 有两种可能的反应路径。一种是再结合一个 H 原子，继续被还原成为 H$_2$O$_2$。这是二电子反应路径，前面已经论述了 H$_2$O$_2$ 分子在 FeN$_2$-G 表面上不能稳定存在的结果，证明了在 FeN$_2$-G 催化剂上 ORR 不可能以二电子的反应路径进行，在此不再讨论。另一种可能是断裂 O—OH 键，最终形成产物 H$_2$O。这是四电子反应路径。

四电子反应路径中最重要的一步是 O—O 键的断裂。首先讨论 FeN$_2$-G（A）体系上的情况。O—OH 键直接断裂反应的反应物、过渡态及产物结构见图 4-6（A $\longrightarrow$ B–TS $\longrightarrow$ C）。对照 A 和 C 的几何结构，O—O 键长由 1.499Å（图 4-6A）变为 2.941Å（图 4-6C），说明 O—O 键已经彻底断裂。直接断裂反应一般比较困难，从前面的研究结果来看，在 FeN$_4$-G 和 FeN$_{2+2}$-G 两个体系上，该反应都是吸热反应，而且有较高的活化能，但在 FeN$_2$-G（A）体系上情况有所不同。计算结果表明，在 FeN$_2$-G（A）体系上，OOH $_{(ads)}$ 的解离反应是一个放热的反应，放热量为 0.39eV。活化能为 0.72eV，明显低于 FeN$_4$-G（0.94eV）和 FeN$_{2+2}$-G（1.18eV）两个体系上的活化能。这可能是由于在 FeN$_2$-G（A）表面上吸附的 OOH $_{(ads)}$ 中 O—O 键的键长（1.499Å）比在 FeN$_4$-G（1.465Å）和 FeN$_{2+2}$-G（1.458Å）两个体系上都长。键长越长，原子之间的作用力越弱，键越容易断裂，解离活化能就越低。

除直接解离外，OOH $_{(ads)}$ 还可以与 H 结合发生加氢解离。加氢解离有两种情况，一种是反应 OOH $_{(ads)}$ +H$^+$+e$^-$ $\longrightarrow$ 2OH $_{(ads)}$，产物为两个 OH 基团，该步反应的反应物、过渡态及产物结构见图 4-6（D $\longrightarrow$ G-TS $\longrightarrow$ H）。生成的两个 OH 基团吸附在 Fe 原子的两侧，形成了一种 Fe(OH)$_2$ 型结构（图 4-6H）。这种结构很稳定，能量很低，致使整个反应是个放热的反应，放热量为 2.27eV。该反应的活化能为 0.21eV，明显

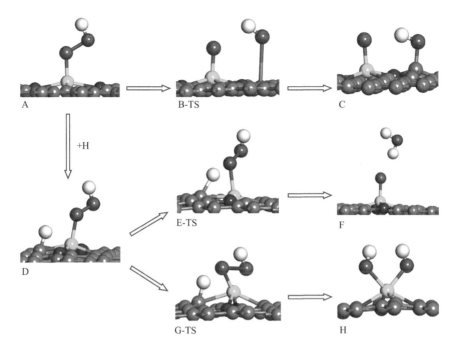

图4-6 在FeN$_2$-G（A）结构上OOH$_{(ads)}$可能的反应路径

（白色、红色、灰色、蓝色和绿色的球分别表示H、O、C、N、Fe原子）

低于OOH直接解离的活化能（0.72eV）。另一种加氢解离反应是OOH$_{(ads)}$+H$^+$+e$^-$ —— O$_{(ads)}$+H$_2$O$_{(ads)}$，产物为一个O原子和一个H$_2$O分子。这一步反应的反应物、过渡态及产物结构见图4-6（D —— E–TS —— F）。从图4-6F来看，生成的O原子仍然吸附在Fe原子上方，吸附高度为1.613Å，而生成的H$_2$O分子则扩散到距表面较远的地方，到表面的最近距离大于3Å。H$_2$O分子远离表面是由于H$_2$O分子的稳定吸附位也是Fe位，当Fe位被O原子优先占据时（O的吸附能较大，为–5.139eV），H$_2$O分子只能远离表面。该反应的反应能和活化能分别为–2.26eV和0.81eV，比OOH直接解离的活化能还要大。比较三种解离路径，反应OOH$_{(ads)}$+H$^+$+e$^-$ —— 2OH$_{(ads)}$的活化能最低，将会优先发生。

在FeN$_2$-G(B)体系中，O—OH键的直接断裂反应也是一个放热反应，反应能为–0.39eV，反应的活化能为0.62eV。从表4-6数据来看，OOH$_{(ads)}$与H结合发生加氢解离生成O和H$_2$O或者两个OH基团的反应放出更多的热量并且具有更低的活化能。其中，生成两个OH基团的反应放热最多，为–3.25eV且活化能最低只有0.19eV。很明显，在FeN$_2$-G（B）体系中 OOH $_{(ads)}$ 的解离反应无论沿哪条路径发生都是可行的。而生成两个 OH 基团的活化能最低，该反应会优先发生。

在 FeN$_2$-G（C）体系中，与 FeN$_2$-G（B）体系中的情况基本一致。O—OH 键的直接解离反应，加氢解离生成 O 和 H$_2$O 以及生成两个 OH 基团的反应，这三个反应的反应能分别为 −0.22eV、−3.34eV、−2.34eV，都是热力学放热反应。这三个反应的活化能分别为 0.21eV、0.15eV、0.42eV。从数值上看三个反应的活化能都不大，非常容易克服，而且彼此差距也不大，因此三个反应可以同时发生。与 FeN$_2$-G（B）体系不同的是活化能最低的是生成 O 和 H$_2$O 的反应。总体来讲，在 FeN$_2$-G（B）和 FeN$_2$-G（C）体系中，OOH $_{(ads)}$ 中 O—O 键的断裂活化能都较低，不会是决定 ORR 路径的决速步骤。

4.3.3 O $_{(ads)}$ 和OH $_{(ads)}$ 的还原

O $_{(ads)}$ 的还原反应可以表示为 O $_{(ads)}$ +H$^+$+e$^-$ ⟶ OH $_{(ads)}$。图 4-7 中表示了在 FeN$_2$-G（A）体系中 O $_{(ads)}$ 和 OH $_{(ads)}$ 还原反应的反应物、过渡态和产物的结构图及相应的能量变化。从图 4-7A 可以看出 O 和 H 原子分别吸附在 Fe 和 N 原子上，O 和 H 原子之间的距离为 2.221Å。生成的 OH 基团以 −2.892eV 的吸附能稳定地吸附在 Fe 原子的正上方，吸附高度为 1.758Å。由于 OH 基团的吸附使得 Fe 和 N 原子都不同程度地凸出于表面。对照反应物（图 4-7A）和产物（图 4-7C）的结构，O—H 的距离由 2.221Å 变为 0.979Å，而过渡态（图 4-7B-TS）中 O—H 的距离为 1.601Å，介于两者之间，说明 H 原子已经向氧原子靠近。该反应放热 1.23eV，活化能很低，只有 0.26eV，说明反应会以很快的速度进行。

OH $_{(ads)}$ 的还原反应可以表示为 OH $_{(ads)}$ +H$^+$+e$^-$ ⟶ H$_2$O $_{(ads)}$。该反应的反应能和活化能分别为 −0.16eV 和 0.60eV，是一个略微放热的反应。反应生成的 H$_2$O 分子没有像第一个生成的水分子那样远离表面，而是以 −0.46eV 的吸附能吸附在 Fe 位上，并且使 Fe 原子凸出于表面。该反应的反应物结构、过渡态及产物结构见图 4-7（D ⟶ E-TS ⟶ F）。吸附的水分子并不会在表面停留太久，当有氧分子存在时，氧分子会与水分子竞争，最稳定吸附位即 Fe 位。氧分子的吸附能为 –1.55eV，远大于水分子的吸附能，因此最终的结果是氧分子吸附在 Fe 位，而水分子扩散到体相中，这样新一轮的氧还原反应又开始了。

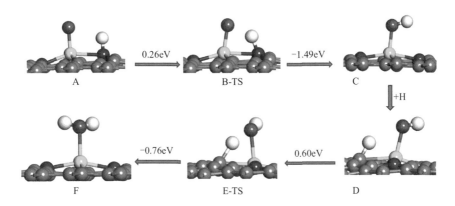

图4-7 在FeN$_2$–G（A）体系中O$_{(ads)}$及OH$_{(ads)}$的还原反应的反应物、过渡态和产物结构图及相应的能量变化

（箭头上的数据表示前后两个结构的能量差；白色、红色、灰色、蓝色和绿色的球分别表示H、O、C、N、Fe原子）

图 4-8 表示了在 FeN$_2$-G（B）体系中 O$_{(ads)}$ 和 OH$_{(ads)}$ 还原反应的反应物、过渡态和产物结构图及相应的能量变化。与在 FeN$_2$-G（A）体系中不同，H 原子不是吸附在 N 原子上而是吸附在 C 原子上，如图 4-8A，O 和 H 原子之间的距离为 3.161Å。在过渡态结构（图 4-8B–TS）中 O 和 H 原子之间的距离缩短为 1.623Å。生成的 OH 基团（图 4-8C）中 O—H 的距离为 0.976Å。OH 以 –3.17eV 的吸附能稳定地吸附在 Fe 原子的上方，吸附高度为 1.792Å。由于 OH 基团的吸附使得 Fe 和 N 原子都不同程度地凸出于表面。该反应放热 1.77eV，活化能为 0.73eV，比在 FeN$_2$-G（A）体系中的活化能 0.26eV 要高很多，这可能是由反应物的初始结构中吸附在表面上的 O 与 H 的距离较远导致的。0.73eV 的活化能不算很高，但与在 FeN$_2$-G（B）体系中的其他 ORR 基元步骤相比，其活化能是最高的。结合 OOH$_{(ads)}$ 直接解离和加氢解离三个反应中活化能最低的是生成 2OH$_{(ads)}$，这就意味着 ORR 过程将可能绕过 O$_{(ads)}$+H$^+$+e$^-$ ⟶ OH$_{(ads)}$ 这一步骤，直接由 OOH$_{(ads)}$ 生成 2OH$_{(ads)}$，OH$_{(ads)}$ 再继续还原为 H$_2$O。

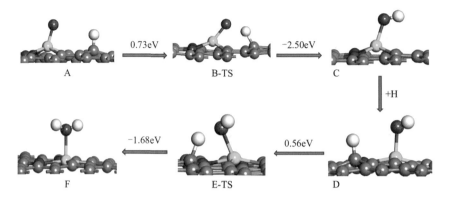

图4-8 在FeN$_2$-G（B）体系中O$_{(ads)}$及OH$_{(ads)}$的还原反应的反应物、
过渡态和产物结构图及相应的能量变化

（箭头上的数据表示前后两个结构的能量差；白色、红色、灰色、蓝色和绿色的球
分别表示H、O、C、N、Fe原子）

OH$_{(ads)}$还原反应的反应物、过渡态及产物结构见图4-8（D ——
E–TS —— F）。反应能和活化能分别为 –1.12eV 和 0.56eV。这个活化能
明显低于上一步 O 还原反应的活化能（0.73eV）。反应生成的 H$_2$O 分子
以 –0.27eV 的吸附能吸附在 Fe 位上，由于 H$_2$O 分子的吸附较弱，因此表
面受到的影响很小，Fe 原子没有明显地凸出于表面。较弱的 H$_2$O 分子吸
附有利于 H$_2$O 分子从表面脱附，从而空出活性中心，使新一轮的氧还原
反应顺利进行。

在 FeN$_2$-G（C）体系中的情形与在 FeN$_2$-G（B）体系中完全一样。首
先 O$_{(ads)}$的还原反应中 O 和 H 原子分别吸附在 Fe 和 C 原子上，O 和 H 原
子之间的距离为 2.982Å。该反应放热 1.92eV，活化能为 0.69eV，略低于
FeN$_2$-G（B）体系中的活化能（0.73eV）。但却高于后一步反应 OH$_{(ads)}$还原
步骤的活化能 0.47eV（表 4-6）。结合 OOH$_{(ads)}$直接解离和加氢解离三个反
应的活化能都很低，因此 ORR 过程可以绕过 O$_{(ads)}$+H$^+$+e$^-$ —— OH$_{(ads)}$这
一步骤，直接由 OOH$_{(ads)}$生成 2OH$_{(ads)}$，然后 OH$_{(ads)}$继续还原为 H$_2$O。

4.3.4 ORR催化路径

根据计算得到的活化能（表 4-6）获得了三种催化剂上能量最低的
ORR 四电子反应路径。在三种 FeN$_2$-G 催化剂上能量最低路径是一样的，

首先是吸附的 $O_{2(ads)}$ 还原为 $OOH_{(ads)}$，接着 $OOH_{(ads)}$ 加氢还原为两个 $OH_{(ads)}$，最后 $OH_{(ads)}$ 继续还原生成两个 H_2O。不同在于在 FeN$_2$-G（A）和 FeN$_2$-G（B）催化剂上最后一步 $OH_{(ads)} \longrightarrow H_2O_{(ads)}$ 还原反应具有最大活化能，成为整个反应的决速步骤；而在 FeN$_2$-G（C）催化剂上第一步 $O_{2(ads)} \longrightarrow OOH_{(ads)}$ 具有最大活化能，是整个反应的决速步骤。比较来看在 FeN$_2$-G（B）结构上的决速步骤活化能最低为 0.56eV，表现出最好的 ORR 催化活性。其次为 FeN$_2$-G（A）结构，决速步骤活化能为 0.60eV；最后是 FeN$_2$-G（C）结构，决速步骤活化能为 0.67eV。总体来讲，三种结构催化剂的 ORR 催化活性差距不大。

4.3.5 电极电势对ORR的影响

图 4-9 展示了在零电极电势下三种 FeN$_2$-G 结构催化剂上 ORR 过程的吉布斯自由能台阶图。从图中可以看到，在零电势下最后一步 $OH_{(ads)}$ 还原为 H_2O 的 ΔG 值在 FeN$_2$-G（A）和 FeN$_2$-G（C）体系中分别为 0.27eV 和 0.15eV，正的 ΔG 值意味着在该条件下该反应不能自动发生。而 OH 的还原步骤是四电子反应通道中非常重要的一步，这一步是生成产物 H_2O

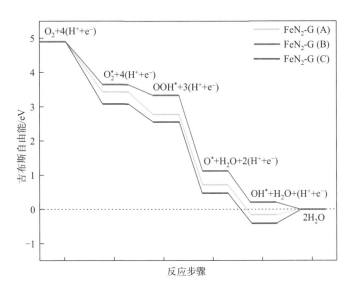

图4-9 在零电极电势下三种FeN$_2$-G结构催化剂上ORR过程的吉布斯自由能台阶图

的必经之路。可见OH的还原步骤严重地影响了ORR在FeN$_2$-G（A）和FeN$_2$-G（C）催化剂上的进行。与此不同的是，在FeN$_2$-G（B）体系中，在零电极电势下ORR过程中每一步骤的ΔG都是小于零的负值，每一步反应都可以自发进行。

图 4-10 展示了在不同电极电势下 FeN$_2$-G（B）体系中 ORR 过程 ΔG 的变化情况。当电极电势大于 0.19 V 时，OH 还原步骤的 ΔG 成为大于零的正值；当电极电势大于 0.30 V 时，O$_2$ 还原为 OOH 这一反应的 ΔG 也成为大于零的正值。吉布斯自由能变的计算结果表明：ORR 在 FeN$_2$-G（A）和 FeN$_2$-G（C）催化剂上是不利的，最后一步 OH 的还原严重影响了反应的进程。在 FeN$_2$-G（B）催化剂上，在较低的电势下（小于 0.19 V），ORR 可以顺利进行。最后一步 OH 的还原是整个反应的热力学决速步骤。之前曾有文献报道 OH 基团在 Pt 基催化剂上强的吸附能将可能导致超电势[26]，这是由于强烈的 OH 吸附使得 OH 基团长期占据反应活性中心，影响了 O$_2$ 分子的进一步吸附。表 4-3 数据显示，OH 在 FeN$_2$-G（C）催化剂上的吸附能最强（-3.56eV），其次是在 FeN$_2$-G（A）催化剂上（-3.44eV），在 FeN$_2$-G（B）催化剂上 OH 的吸附最弱，吸附能为 -3.17eV。可见 OH 的吸附能结果与 OH 还原步骤的 ΔG 结果是一致的，即 OH 吸附越强，

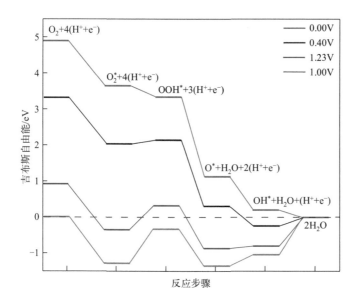

图4-10 在不同电极电势下FeN$_2$-G（B）体系中ORR过程的吉布斯自由能台阶图

OH还原反应的ΔG值越正，越不利于反应的进行。

综合以上所得结果，三种FeN_2-G材料都对氧还原反应具有催化活性。吸附在FeN_2-G表面的O_2分子得到表面转移的电子而被活化，活化后的O_2分子首选的反应路径是加氢还原为OOH。OOH$_{(ads)}$随后的反应证实H_2O_2在FeN_2-G表面上不能稳定存在，说明在FeN_2-G催化剂上二电子反应路径是不可行的。FeN_2-G催化剂对ORR有非常好的四电子反应选择性。

在FeN_2-G（A）催化剂上，首先是吸附的O_2 $_{(ads)}$还原为OOH$_{(ads)}$，OOH$_{(ads)}$的三种解离路径都是可行的，活化能分别为0.72eV（直接解离）、0.81eV（加氢解离为O+H_2O）和0.21eV（加氢解离为2OH），三个反应竞争发生。显然，生成2OH的活化能最低，具有绝对优势，该反应优先发生。生成的中间产物OH$_{(ads)}$继续被还原的活化能为0.60eV。可见，活化能最低的ORR路径为：O_2 $_{(ads)}$ $\longrightarrow$ OOH$_{(ads)}$ $\longrightarrow$ 2OH$_{(ads)}$ $\longrightarrow$ OH$_{(ads)}$+H_2O $_{(ads)}$ $\longrightarrow$ $2H_2O$ $_{(ads)}$，最终的产物为水分子。在整个反应路径中OH$_{(ads)}$ $\longrightarrow$ H_2O $_{(ads)}$还原反应具有最大活化能（0.60eV），成为整个反应的动力学决速步骤。但从计算得到的零电极电势下ORR的吉布斯自由能变（ΔG）结果来看，OH$_{(ads)}$ $\longrightarrow$ H_2O $_{(ads)}$还原反应由于其正的ΔG值而使得整个ORR在FeN_2-G（A）催化剂上不能顺利进行。

在FeN_2-G（B）催化剂上，首先是吸附的O_2 $_{(ads)}$还原为OOH$_{(ads)}$，OOH$_{(ads)}$的三种解离路径都是可行的，活化能分别为0.62eV（直接解离）、0.50eV（加氢解离为O+H_2O）和0.19eV（加氢解离为2OH），三个反应竞争发生。生成2OH的反应具有最低活化能，该反应优先发生。生成的中间产物OH$_{(ads)}$继续被还原的活化能为0.56eV。因此，活化能最低的ORR路径为：O_2 $_{(ads)}$ $\longrightarrow$ OOH$_{(ads)}$ $\longrightarrow$ 2OH$_{(ads)}$ $\longrightarrow$ OH$_{(ads)}$+H_2O $_{(ads)}$ $\longrightarrow$ $2H_2O$ $_{(ads)}$，最终的产物为水分子。在整个反应路径中OH$_{(ads)}$ $\longrightarrow$ H_2O $_{(ads)}$还原反应具有最大活化能（0.56eV），成为整个反应的动力学决速步骤。吉布斯自由能变（ΔG）结果表明，零电极电势下FeN_2-G（B）催化剂上每一个基元反应的ΔG值都是小于零的负值，ORR可以顺利地自动发生。当电极电势大于0.19 V时，最后一步OH $\longrightarrow$ H_2O $_{(ads)}$还原反应的ΔG值成为一个正值。因此，OH$_{(ads)}$的还原步骤也是整个反应的热力学决速步骤。

在FeN_2-G（C）催化剂上，首先是吸附的O_2 $_{(ads)}$还原为OOH$_{(ads)}$，活化能为0.67eV，OOH$_{(ads)}$的三种解离路径都是可行的，活化能分别为

0.21eV（直接解离）、0.15eV（加氢解离为 O+H₂O）和 0.42eV（加氢解离为 2OH），三个反应都可以很容易地发生。生成的中间产物 $O_{(ads)}$ 还原为 $OH_{(ads)}$ 的活化能为 0.69eV，$OH_{(ads)}$ 继续被还原的活化能为 0.47eV。可见，活化能最低的 ORR 路径为：$O_{2(ads)} \longrightarrow OOH_{(ads)} \longrightarrow 2OH_{(ads)} \longrightarrow OH_{(ads)}+H_2O_{(ads)} \longrightarrow 2H_2O_{(ads)}$，最终的产物为水分子。在整个反应路径中 $O_{2(ads)} \longrightarrow OOH_{(ads)}$ 还原反应具有最大活化能（0.67eV），成为整个反应的动力学决速步骤。但从计算得到的零电极电势 ORR 的吉布斯自由能变（ΔG）结果来看，$OH_{(ads)} \longrightarrow H_2O_{(ads)}$ 还原反应由于其正的 ΔG 值而使得整个 ORR 在 FeN₂-G（C）催化剂上不能顺利进行。

4.4　FeN₂–G结构催化剂ORR催化性能

本章工作主要研究了含 FeN₂ 结构的石墨烯催化剂的 ORR 机理。考察了所有可能的反应通道以及每一基元步骤的过渡态。结果表明：

① 三种结构的 FeN₂-G 材料都具有负的形成能，表明它们都可以稳定地存在。其中 FeN₂-G（B）的形成能最负，结合能最负，说明其最容易形成且最稳定。

② 三种 FeN₂-G 催化剂都具有氧还原催化活性，活性中心是 Fe 位。所有的反应物、中间产物及最终产物的稳定吸附位都是 Fe 位。

③ H₂O₂ 分子在 FeN₂-G 催化剂上不能稳定存在，说明了二电子反应路径是行不通的。

④ 在三种 FeN₂-G 催化剂上 ORR 的最佳反应路径都是四电子反应路径。在 FeN₂-G（A）和 FeN₂-G（B）体系中，活化能最大的步骤是最后一步 $OH_{(ads)}$ 的还原，是整个反应的决速步骤。在 FeN₂-G（C）体系中，活化能最大的步骤是第一步 $O_{2(ads)}$ 的还原，是整个反应的决速步骤。比较决速步骤的活化能发现 FeN₂-G（B）催化剂上决速活化能最低，ORR 活性最高。

⑤ FeN₂-G（A）和 FeN₂-G（C）体系中由于较高的 HOMO 能级以及较小的 HOMO-LUMO 带隙使得两个体系中中间产物在催化剂表面的吸附

非常强。致使中间产物长期占据着催化活性位而影响了后续反应的发生。基元反应的 ΔG 结果也表明，由于 OH $_{(ads)}$ 在 FeN$_2$-G（A）和 FeN$_2$-G（C）体系中较强的吸附而导致 OH $_{(ads)}$ 还原反应的 ΔG 为正值，该反应在体系中难以自动发生，严重阻碍了 ORR 的顺利进行。相比之下，在 FeN$_2$-G（B）体系中，较低电极电势下所有基元反应的 ΔG 均为负值，ORR 在该体系中可以顺利进行。结合热力学数据和动力学活化能的数据，证明 FeN$_2$-G（B）催化剂的 ORR 催化性能最好。

参考文献

[1]   Lefevre M, Dodelet J, Bertrand P. Molecular Oxygen Reduction in Pem Fuel Cells: Evidence for the Simultaneous Presence of Two Active Sites in Fe-Based Catalysts. Journal of Physical Chemistry B, 2002, 106(34): 8705-8713.

[2]   Charreteur F, Jaouen F, Ruggeri S, et al. Fe/N/C Non-Precious Catalysts for Pem Fuel Cells: Influence of the Structural Parameters of Pristine Commercial Carbon Blacks on Their Activity for Oxygen Reduction. Electrochimica Acta, 2008, 53(6): 2925-2938.

[3]   Lefèvre M, Dodelet J P. Fe-Based Catalysts for the Reduction of Oxygen in Polymer Electrolyte Membrane Fuel Cell Conditions: Determination of the Amount of Peroxide Released During Electroreduction and Its Influence on the Stability of the Catalysts. Electrochimica Acta, 2003, 48(19): 2749-2760.

[4]   Jaouen F, Marcotte S, Dodelet J P, et al. Oxygen Reduction Catalysts for Polymer Electrolyte Fuel Cells from the Pyrolysis of Iron Acetate Adsorbed on Various Carbon Supports. Journal of Physical Chemistry B, 2003, 107(6): 1376-1386.

[5]   Lefèvre M, Dodelet J P, Bertrand P. O$_2$ Reduction in Pem Fuel Cells: Activity and Active Site Structural Information for Catalysts Obtained by the Pyrolysis at High Temperature of Fe Precursors. Journal of Physical Chemistry B, 2000, 104(47): 11238-11247.

[6]   Lalande G, Cote R, Guay D, et al. Is Nitrogen Important in the Formulation of Fe-Based Catalysts for Oxygen Reduction in Solid Polymer Fuel Cells? Electrochimica Acta, 1997, 42(9): 1379-1388.

[7]   Sun J, Fang Y H, Liu Z P. Electrocatalytic oxygen reduction kinetics on Fe-center of nitrogen-doped graphene. Physical Chemistry Chemical Physics, 2014, 16(27):13733-13740.

[8] Byon H R, Suntivich J, Shao-Horn Y. Graphene-based non-noble-metal catalysts for oxygen reduction reaction in acid. Chemistry of Materials, 2011, 23(15):3421-3428.

[9] Holby E F, Wu G, Zelenay P, et al. Structure of Fe-N_x-C Defects in Oxygen Reduction Reaction Catalysts from First-Principles Modeling. Journal of Physical Chemistry C, 2014, 118(26):14388-14393.

[10] Szakacs C E, Lefevre M, Kramm U I, et al. A density functional theory study of catalytic sites for oxygen reduction in Fe/N/C catalysts used in H_2/O_2 fuel cells Physical Chemistry Chemical Physics, 2014, 16(27):13654-13661.

[11] Liang W, Chen J, Liu Y, et al. Density-Functional-Theory Calculation Analysis of Active Sites for Four-Electron Reduction of O_2 on Fe/N-Doped Graphene. ACS Catalysis, 2014, 4170-4177.

[12] Kattel S, Atanassov P, Kiefer B. A density functional theory study of oxygen reduction reaction on non-PGM Fe-N_x-C electrocatalysts, 2014, 16(27):13800-13806.

[13] Kattel S, Wang G. A density functional theory study of oxygen reduction reaction on Me-N_4(Me= Fe, Co, or Ni) clusters between graphitic pores. Journal of Materials Chemistry A, 2013, 1(36):10790-10797.

[14] Chen X, Li F, Zhang N, et al. Mechanism of oxygen reduction reaction catalyzed by Fe(Co)-N_x/C, 2013, 15(44):19330-19336.

[15] Zhang J, Wang Z, Zhu Z, et al. A Density Functional Theory Study on Mechanism of Electrochemical Oxygen Reduction on FeN_4-Graphene. Journal of the Electrochemical Society, 2015, 162(7):F796-F801.

[16] Kabir S, Artyushkova K, Kiefer B, et al. Computational and experimental evidence for a new TM-N3/C moiety family in non PGM electrocatalysts. Physical Chemistry Chemical Physics, 2015, 17(27):17785-17789.

[17] Saputro A G, Kasai H, Asazawa K, et al. Comparative Study on the Catalytic Activity of the TM–N_2 Active Sites(TM = Mn, Fe, Co, Ni) in the Oxygen Reduction Reaction: Density Functional Theory Study. Journal of the Physical Society of Japan, 2013, 82(11):114704.

[18] Kattel S, Wang G. A Density Functional Theory Study of Oxygen Reduction Reaction on Me–N_4(Me= Fe, Co, or Ni) Clusters between Graphitic Pores. Journal of Materials Chemistry A, 2013, 1(36): 10790-10797.

[19] Gutsev G, Rao B, Jena P. Systematic Study of Oxo, Peroxo, and Superoxo

Isomers of 3d-Metal Dioxides and Their Anions. Journal of Physical Chemistry A, 2000, 104(51): 11961-11971.

[20] Li Y, Zhou Z, Yu G, et al. Co Catalytic Oxidation on Iron-Embedded Graphene: Computational Quest for Low-Cost Nanocatalysts. Journal of Physical Chemistry C, 2010, 114(14): 6250-6254.

[21] Kaukonen M, Kujala R, Kauppinen E. On the origin of oxygen reduction reaction at nitrogen-doped carbon nanotubes: a computational study. Journal of Physical Chemistry C, 2012, 116(1):632-636.

[22] Chen R, Li H, Chu D, et al. Unraveling oxygen reduction reaction mechanisms on carbon-supported Fe-phthalocyanine and co-phthalocyanine catalysts in alkaline solutions, 2009, 113(48):20689-20697.

[23] Chen X, Sun S, Wang X, et al. DFT study of Polyaniline and metal composites as nonprecious metal catalysts for oxygen reduction in fuel cells. Journal of Physical Chemistry, 2012, 116(43):22737-22742.

[24] Kattel S, Atanassov P, Kiefer B. Catalytic activity of Co-N_x/C electrocatalysts for oxygen reduction reaction: a density functional theory study. Physical Chemistry Chemical Physics, 2013, 15(1):148-153.

[25] Zhang J, Wang Z, Zhu Z. A density functional theory study on mechanism of electrochemical oxygen reduction on FeN_3-Graphene. Journal of the Electrochemical Society, 2015, 162(10):F1262-F1267.

[26] Uribe F A, Zawodzinski T A. A study of polymer electrolyte fuel cell performance at high voltages. Dependence on cathode catalyst layer composition and on voltage conditioning. Electrochim Acta, 2002, 47(22):3799-3806.

第**5**章　FeN₃-G结构催化剂性能研究

从文献调研来看，实验上重点关注了含 FeN_4 和 FeN_2 这两类活性中心的碳材料作为 ORR 催化剂的催化性能，其他结构的研究较少。在 Byon 等 [1] 的报道中基于改性石墨烯的 Fe/N/C 催化剂，其中与 Fe 配位的 N 原子的个数平均值为 3，该催化剂在酸性环境中表现出高的 ORR 活性、高稳定性和较低的 H_2O_2 产量。密度泛函理论计算 [2] 结果表明含 FeN_3 中心的团簇可以促使 O—O 键的断裂。含 FeN_3 中心的石墨烯结构 [3] 具有负的形成能，该结构很容易形成。基于此，本章设计了含 FeN_3 中心的石墨烯结构（FeN_3-G）作为 ORR 催化剂，着重于对 ORR 过程中所涉及基元反应的热力学和动力学行为进行研究，特别考察了每个基元反应的活化能以及在不同的电极电势下反应的吉布斯自由能变，探索最有利的 ORR 路径以及热力学和动力学决速步骤。

5.1 计算参数及模型

如图 5-1（a）所示，本章使用的模型是在（5×5）的周期性石墨烯晶胞中杂入 FeN_3 结构，整个模型中包含 50 个原子。与石墨烯结构 [图 5-1（b）] 相比，相当于把石墨烯中的 1 个 C 原子用 Fe 原子替代，同时将与 Fe 原子相连的 3 个 C 原子用 N 原子替换。

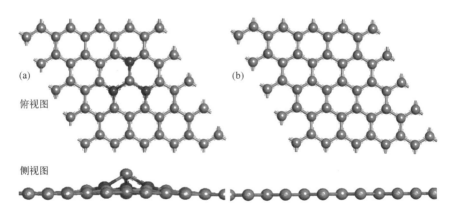

图5-1 稳定的 FeN_3-G结构（a）和纯净的石墨烯（b）的俯视图和侧视图
（灰色、蓝色和紫色的球分别表示C、N、Fe原子）

在这样的结构中 Fe 原子与三个类石墨型 N 配位，记作 FeN$_3$-G。在 z 方向上设置了 15Å 的真空层以避免石墨烯层与层之间的相互作用力。相对于石墨烯的平面结构，优化后的 FeN$_3$-G 结构中 Fe 原子突出于表面约 1.36Å，与文献中 1.33Å 的结果非常接近[3]。3 个 N 原子略微突出于表面约 0.43Å。形成的 3 个 Fe-N 键键长非常接近，分别为 1.817Å、1.823Å、1.823Å，平均键长为 1.821Å。比本书前两章研究的 FeN$_{2+2}$-G、FeN$_4$-G 以及 FeN$_2$-G 结构中的 Fe-N 键的键长要短，体现出较强的 Fe-N 相互作用。FeN$_3$-G 结构的形成能为 –2.13eV，是本书所研究的 FeN$_x$-G 结构中仅次于 FeN$_{2+2}$-G 结构（形成能为 –4.17eV）的第二个容易形成的结构。同时计算得到的过渡金属的结合能为 –5.81eV。综合结合能和形成能的结果，可见 FeN$_3$-G 结构催化剂容易形成且键与键之间的相互作用力很强，结构很稳定。

5.2 中间体的吸附

在 ORR 过程中共有六种反应中间体，O$_2$、OOH、O、OH、H$_2$O 和 H$_2$O$_2$。前五种中间体在 FeN$_3$-G 表面的吸附性质都列于表 5-1 中。考察了色散校正（dispersion correction）对吸附质的吸附能的影响。结果表明，校正前后计算得到的结果差距很小。在所有吸附体系中 O$_2$ 的吸附受到的影响是最大的，但校正前后吸附能的差距也只有 0.1eV。因此在 FeN$_3$-G 体系中可以忽略色散校正。Mulliken 电荷布居分析结果显示与纯净的 FeN$_3$-G 表面（0.606e$^-$）相比，吸附了中间体之后的体系中 Fe 原子将更多的电子传递出去。

表 5-1 中间产物在 FeN$_3$-G 催化剂上的吸附性质

吸附质	E_{ads}[①]/eV	d_{Fe-O}[②]/Å	d_{O-O}[③]/Å	$M_{吸附质}$[④]/e$^-$	M_{Fe}[⑤]/e$^-$
纯净表面	—	—	—	—	0.606
O$_2$	–2.48	1.856, 1.858	1.394	–0.553	0.706
OOH	–3.04	1.821, 2.104	1.519	–0.383	0.697
O	–5.88	1.595	—	–0.527	0.769

吸附质	E_{ads}①/eV	d_{Fe-O}②/Å	d_{O-O}③/Å	$M_{吸附质}$④/e^-	M_{Fe}⑤/e^-
OH	−4.05	1.787	—	−0.408	0.707
H$_2$O	−0.84	2.108	—	0.144	0.634

① 吸附能。

② O原子与Fe原子之间的距离。

③ O—O键长。

④ 吸附质的Mulliken电荷布居。

⑤ Fe原子的Mulliken电荷布居。

本章计算了这五种吸附体系的变形密度（deformation density）。变形密度 $\Delta\rho$ 用公式 $\Delta\rho=\rho_{tot}-(\rho_{surf}+\rho_X)$ 计算，其中，ρ_{tot}、ρ_{surf} 和 ρ_X 分别表示 FeN$_3$-G 表面上吸附了中间体后总的电荷密度、纯净 FeN$_3$-G 表面的电荷密度以及单独的中间体分子的电荷密度。计算得到的变形密度切片如图 5-2 所示。图中红色和蓝色分别表示切片中电子的积累和损失。可以明显看到所有中间体的化学吸附位都是 Fe 原子位，但具体位置略有不同。与纯净的表面相比，在五种吸附体系中 Fe 原子周围红色区域减少蓝色区域增大，表明有电子从 Fe 原子流出传递给吸附质。

5.2.1 氧分子的吸附

一般氧分子有两种吸附模式：side-on 结构和 end-on 结构。在很多体系上两种吸附结构都是可能的。O$_2$ 分子在 FeN$_3$-G 表面上倾向于平行吸附，即 side-on 结构的吸附。如图 5-2 所示的俯视图，O$_2$ 分子并不是吸附在 Fe 原子的正上方，而是在 Fe 原子的一侧。这与前面研究的 O$_2$ 分子在 FeN$_4$-G 及 FeN$_2$G 催化剂上的 side-on 结构有所不同。这一结果与 O$_2$ 分子在 Fe[4] 和 Au[5] 等过渡金属掺杂的石墨烯表面以及含 FeN$_3$ 结构的碳纳米管 [6] 的吸附情况类似。吸附的 O$_2$ 分子 [O$_{2(ads)}$] 的 O—O 键被明显拉长，由自由 O$_2$ 分子的 1.227Å 变化到 1.394Å。两个 O 原子到 Fe 原子的距离分别为 1.856Å 和 1.858Å，几乎是相等的。O$_2$ 分子的吸附能为 −2.48eV，表现出非常强的相互作用。与 O$_2$ 分子吸附在含 FeN$_3$ 结构的碳纳米管上的吸附能（−2.47eV）很接近 [6]。Mulliken 电荷布居分析结果表明有 0.553e^- 从 FeN$_3$-G 表面转移到 O$_{2(ads)}$ 上，证明 O$_{2(ads)}$ 是个电子受体。接受的电子占据了 O$_2$ 的 2π* 反键轨道从而使 O—O 键拉长到 1.394Å，与过氧离

子 O_2^{2-} 的 O—O 键长（$1.30 \sim 1.55\text{Å}$）[7] 接近，由此说明，O_2 在 FeN_3G 表面吸附以后，从表面获得了电子使其变成了过氧离子[8]。表 5-2 列出了 O_2 在不同体系中的吸附能，可以看到 O_2 在 FeN_3-G 表面上的吸附能明显高于大多数的体系。O_2 与 FeN_3-G 表面之间存在非常强的相互作用力。

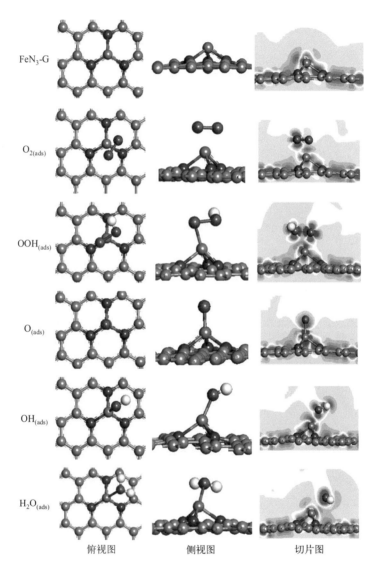

图5-2 FeN_3-G纯净表面及吸附了中间体（O_2、OOH、O、OH和H_2O）结构的俯视图和侧视图以及表面变形电荷密度切片图

（红色、白色、灰色、蓝色和紫色的球分别表示O、H、C、N、Fe原子）

表 5-2 氧分子在不同催化剂上的吸附能（E_{ads}）比较

体系	E_{ads}（O_2）/eV
铁酞菁	-1.16[9,10]
Pt（111）	-0.67[11]，-0.79[9]
FeN$_4$	-1.06[12]，-1.33[13]，-0.97[14]，-0.56[15]，-1.61[16]，0.98[6]
Fe（CN）N$_4$	-0.93[13]
FeN$_2$	-1.78[14]
FeN$_3$	-2.45[6]

5.2.2 水分子的吸附

和 O_2 (ads) 的吸附一样，H_2O 也是倾向于吸附在 Fe 原子的一侧。考虑到燃料电池中的反应是在有大量水存在的环境下进行的，而对 O_2 (ads) 和 H_2O (ads) 来讲 Fe 位是唯一的吸附位点，因此 O_2 (ads) 和 H_2O (ads) 之间存在竞争吸附。比较二者的吸附能发现 O_2 (ads) 的吸附能为 $-2.48eV$，远远大于 H_2O (ads) 的吸附能 $-0.84eV$。因此，在这样的条件下 O_2 (ads) 会优先吸附在 Fe 位。这与 ORR 在 FePc[9] 催化剂上的结果是一致的。

5.2.3 OOH的吸附

吸附后的 OOH 基团中 O 和 OH 基团分别位于 Fe 原子的两侧，O—O 键长为 1.519Å，比自由的 OOH 中 O—O 键长拉长了 13%，同时也比吸附在其他氮杂碳材料的 OOH 中键长（大约 1.470Å）要长[17-20]。这就意味着在 FeN$_3$-G 体系中吸附的 OOH 中 O—O 键较弱，很容易断裂发生解离。这一结论也被后面得到的解离活化能的结果所证实。

5.2.4 H$_2$O$_2$的吸附

H_2O_2 分子在催化剂表面的吸附是判断 ORR 能不能以二电子路径发生反应的一个重要指标。优化后发现，在 FeN$_3$-G 体系中 H_2O_2 分子不能稳定存在，优化后直接解离为两个 OH 基团吸附在 Fe 原子的两侧。两个 O 原

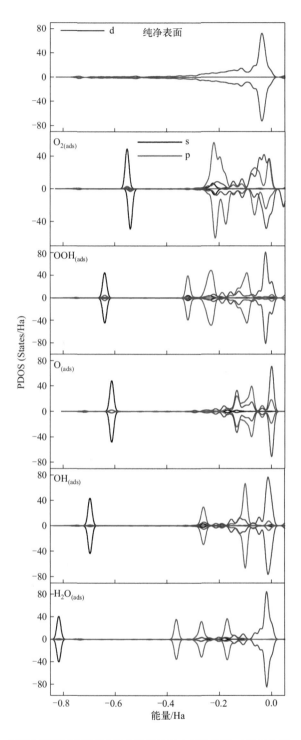

图5-3 FeN₃-G纯净表面及吸附了中间体的各体系中O原子的s（黑线）和p（红线）轨道
以及Fe的3d（蓝线）轨道的投影态密度（PDOS）

子之间的距离达到 2.508Å，比气相 H_2O_2 分子中 O—O 键长拉长了 70%。这一结果与 H_2O_2 分子在 Fe-酞菁[9] 和金属-聚苯胺[20] 上的情况是一样的。H_2O_2 分子已经通过断裂 O—O 键解离为两个 OH 基团。意味着二电子 ORR 路径的产物 H_2O_2 分子不能稳定存在，即在 FeN_3-G 体系中二电子反应路径是不可能的。

为了更好地理解中间体与 FeN_3-G 表面之间的相互作用，我们分析了这些吸附体系的电子结构。如图 5-3 所示各吸附体系中 O 原子的 s 和 p 轨道以及 Fe 的 3d 轨道的投影态密度（projected density of states，PDOS）。图中可以看到 O_2 分子的 1π、$2\pi^*$ 和 5σ 轨道与 Fe 的 3d 轨道之间都发生了杂化，这也导致吸附体系中 Fe 的 3d 轨道相较于纯净体系中的 3d 轨道发生了非常明显的变化。这一结果与 O_2 吸附在含 FeN_3 中心的碳纳米管表面上的结果是一致的[6]。另外，四种中间体 $OOH_{(ads)}$、$OH_{(ads)}$、$O_{(ads)}$ 和 $H_2O_{(ads)}$ 在 FeN_3-G 表面吸附的 PDOS 图显示，除 $H_2O_{(ads)}$ 体系外，其他的体系中都表现出 Fe-3d 和 O-2p 轨道之间较强的杂化作用。在 $H_2O_{(ads)}$ 体系中 Fe-3d 轨道变化很小，而在 $OOH_{(ads)}$、$OH_{(ads)}$ 和 $O_{(ads)}$ 体系中，尤其是 $O_{(ads)}$ 体系中，Fe 原子失去电子导致体系的费米能级向左移动。中间体与 FeN_3-G 表面之间强烈的相互作用从吸附能的数据也可见一斑。如表 5-1 所列，$OOH_{(ads)}$、$OH_{(ads)}$、$O_{(ads)}$ 和 $H_2O_{(ads)}$ 的吸附能分别为 $-3.04eV$、$-4.05eV$、$-5.88eV$ 和 $-0.84eV$。

5.3 ORR催化机理

5.3.1 $O_{2(ads)}$ 的解离

$O_{2(ads)}$ 直接解离的反应物、产物和过渡态的结构及活化能示于图 5-4（a）中。与前面研究的 FeN_{2+2}-G、FeN_4-G 以及 FeN_2-G 催化剂的情形一样，$O_{2(ads)}$ 在 FeN_3-G 表面上的解离反应是一个活化能很高的吸热反应，吸热量为 0.56eV，活化能为 1.46eV。该活化能虽然已经明显低于 $O_{2(ads)}$ 在前面三种催化剂上（FeN_{2+2}-G、FeN_4-G 和 FeN_2-G）的解离活化能（2.53eV、

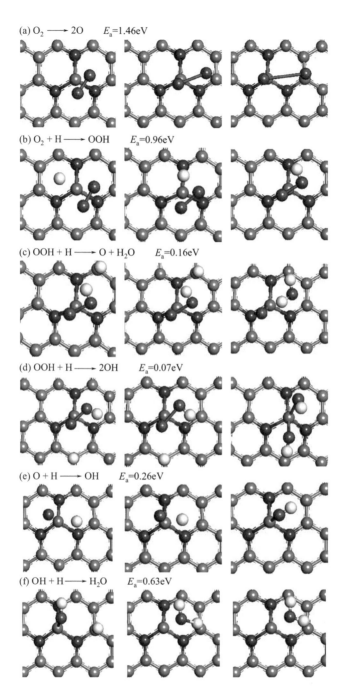

(a) $O_2 \longrightarrow 2O$ $E_a=1.46eV$

(b) $O_2 + H \longrightarrow OOH$ $E_a=0.96eV$

(c) $OOH + H \longrightarrow O + H_2O$ $E_a=0.16eV$

(d) $OOH + H \longrightarrow 2OH$ $E_a=0.07eV$

(e) $O + H \longrightarrow OH$ $E_a=0.26eV$

(f) $OH + H \longrightarrow H_2O$ $E_a=0.63eV$

图5-4 FeN$_3$-G催化剂上各基元反应的反应物、产物和过渡态结构及活化能（E_a/eV）

（a）$O_{2\,(ads)}$的直接解离；（b）$O_{2\,(ads)}$的加氢还原；（c）OOH加氢还原为O和H$_2$O；

（d）OOH加氢还原为2OH；（e）O加氢还原为OH；（f）OH加氢还原为H$_2$O

（红色、白色、灰色、蓝色和紫色的球分别表示O、H、C、N、Fe原子）

2.54eV 和 2.10eV），但对于燃料电池的工作环境（约在 80℃）仍然是很大的。可见，无论从热力学还是动力学都证明在 FeN_3-G 催化剂表面 $O_{2(ads)}$ 的解离是不利的。

5.3.2 OOH的形成

$O_{2(ads)}$ 分子还原的另一条途径是 O_2 捕获一个 H 形成 OOH 基团。鉴于前面研究的 FeN_{2+2}-G 和 FeN_4-G 催化剂都采用 O_2 和 H 共吸附在 Fe 位的结构作为反应物，再结合 $O_{2(ads)}$ 在 FeN_3-G 表面上的特殊吸附位置（氧分子吸附在 Fe 原子的一侧），因此在这里只考虑了 O_2 和 H 共吸附在 Fe 位的情况。如图 5-4（b）所示 O_2 和 H 分别吸附在 Fe 原子的两侧，H-Fe 距离为 1.522Å，两个 O 原子到 Fe 原子的距离不再完全相同，分别为 1.862Å 和 1.878Å。由于共吸附使得 O—O 键的键长由单独吸附时的 1.394Å 缩短为 1.365Å。这种共吸附的结构虽然比 O_2 和 H 分别吸附在不同的吸附位上具有更高的能量（相对稳定性较差），但它降低了各吸附质的吸附能，有利于化学反应的进行。即使如此，计算得到的结果也并不是很乐观。从热力学上看，OOH 的形成反应是一个放热反应，放热量达 1.14eV。但该反应的活化能比较高，为 0.96eV，比 $O_{2(ads)}$ 的解离活化能（1.46eV）明显要低很多，但仍高于前面两个单元研究的五种模型中这一步骤的反应势垒（分别为 0.62eV、0.55eV、0.19eV、0.34eV 和 0.67eV）。这可能和 O_2 分子与表面非常强的吸附作用有关（吸附能为 −2.48eV）。在所研究的模型中，O_2 分子在 FeN_3-G 表面的吸附最强，具有最大的吸附能（绝对值）。研究表明，吸附并不是越强越好，太强的化学吸附会使吸附质很难进行下一步的反应。可见，由于 FeN_3-G 与 FeN_{2+2}-G、FeN_4-G 及 FeN_2-G 结构差异较大，因此在性质上差异也较大。该反应的产物 OOH 的结构明显不同于前面研究体系的结构。如图 5-4（b）中所示，从俯视图来看，$OOH_{(ads)}$ 并没有使其中的一个 O 原子正好吸附在 Fe 位上，而是 O 与 OH 分别位于 Fe 原子的两侧，吸附能为 −3.04eV。这种吸附结构使得 O—OH 的键长为 1.523Å，明显比前面两章所研究的模型中的 O—OH 键长（最长的为 1.499Å）要长。同时，O—Fe 之间的距离为 1.821Å，也长于其他体系中的 O—Fe 距离（最长的为 1.784Å）。较长的 O—OH 键长是否意味着较低的 OOH 解离活化能呢？较远的 O—Fe 距离是否说明 OOH 更容易脱离表面而生成 H_2O_2 呢？

5.3.3 OOH的解离

如前所述，吸附在表面的 $OOH_{(ads)}$ 有三种可能的解离路径，如反应式（5-1）~ 式（5-3）所示：

$$OOH_{(ads)} \longrightarrow O_{(ads)} + OH_{(ads)} \qquad (5-1)$$

$$OOH_{(ads)} + H^+ + e^- \longrightarrow H_2O_{(ads)} + O_{(ads)} \qquad (5-2)$$

$$OOH_{(ads)} + H^+ + e^- \longrightarrow 2OH_{(ads)} \qquad (5-3)$$

反应式（5-1）为 $OOH_{(ads)}$ 的直接解离，反应式（5-2）和式（5-3）是 $OOH_{(ads)}$ 的加氢解离。计算结果表明，这三个反应都是放热的，反应式（5-2）和式（5-3）的放热量分别高达 3.29eV 和 3.51eV。表现特殊的是反应式（5-1），$OOH_{(ads)}$ 的直接解离在其他三种模型上都是吸热反应，但在 FeN_3-G 表面上该反应竟然成为一个放热反应，放热量为 0.60eV。值得注意的是这三个反应的活化能都非常低，分别为 0.03eV［反应式（5-1）］，0.16eV［反应式（5-2）］和 0.07eV［反应式（5-3）］。在前面研究的体系中 $OOH_{(ads)}$ 的直接解离反应都具有较高的活化能，尤其是在 FeN_{2+2}-G 体系中的活化能高达 1.18eV。两个加氢解离反应的活化能也是所研究的模型中最小的。可见，无论从热力学还是动力学的角度分析，这三个反应都是有利的，而且会以很快的速度进行。以上结果表明，$OOH_{(ads)}$ 特殊的吸附结构及较长的 O—OH 键长使得 $OOH_{(ads)}$ 解离变得异常容易。OOH 加氢解离反应的反应物、产物和过渡态结构及活化能示于图 5-4（c）和图 5-4（d）中。

5.3.4 OOH (ads) 的还原

OOH (ads) 除了可以与 H 进行加氢解离外，还可以与 H 结合直接还原为 H_2O_2，这是一条二电子反应路径。H_2O_2 的生成反应可以表示为 $OOH_{(ads)} + H^+ + e^- \longrightarrow H_2O_{2(ads)}$。当 OOH 稳定吸附在 Fe 位上后，将一个 H 原子引入体系中，并把该 H 原子放在与 Fe 较近的那个 O 原子附近进行优化，期待得到产物 H_2O_2。但经过反复的调整初始结构以及降低收敛标准，始终都没有得到稳定的 H_2O_2 吸附结构，而是得到 OOH (ads) 的加氢解离产物，两个 OH 基团。两个 OH 基团吸附在 Fe 原子的两侧，形成了一种 Fe（OH）$_2$ 型结构。两个 O—Fe 键的键长略有不同，分别为 1.831Å 和 1.814Å。两个 O 原子之间的距离为 2.508Å，比气相自由 H_2O_2 分子中的 O—O 键长（1.472Å）增长了近 70%，说明 O—O 键已经完全断裂。这一结果与 H_2O_2 分子在 FeN$_2$-G 体系上的吸附情况一样。H_2O_2 分子在 FeN$_3$-G 表面上不能稳定存在的结果证明了在 FeN$_3$-G 催化剂上 ORR 不可能以二电子反应路径进行。

5.3.5 O和OH的还原

从上面的分析来看，OOH (ads) 的最佳反应路径是发生解离反应。这样就生成了中间产物 O 和 OH 基团。单个 O 原子在 FeN$_3$-G 表面的最稳定吸附位并不像 O$_2$ 分子一样是在 Fe 原子的一侧，而是垂直吸附在 Fe 位上。O—Fe 间的距离为 1.595Å，吸附能为 –5.88eV。在研究 O (ads) 加氢还原为 OH (ads) 的动力学机理时，考虑了两种不同的情形，主要是加氢的位置不同。一种为 O 原子吸附在 Fe 位上，而 H 原子稳定地吸附在与 N 原子相连的一个 C 原子上，即 O 原子和 H 原子分别吸附在不同的活性位上，O$_{(ads)}$ 原子到 H (ads) 原子的距离为 3.083Å。以这一结构作为初始反应物结构时，该反应是一个放热反应，放热量为 1.66eV。同时具有一个很高的活化能，高达 1.84eV，很难被克服。考虑到前面已经碰到过两个吸附质共吸附在 Fe 的两侧的情况，因此考察了另一种情况，即 H 原子和 O 原子同时共吸附在 Fe 位上，分别位于 Fe 的两侧如图 5-4（e）所示。相比于前一种结构，后一种结构具有略高的总能，相对稳定性会差一些。但从动力学的角度，这种 H 原子和 O 原子的共吸附结构更有利于它们结合转化为 OH $_{(ads)}$，结果显示该反应的活化能只有 0.18eV，明显低于前一反应，非常容易克服。可见，是 O 与 H 原子的共吸附结构使得 O $_{(ads)}$ 的还原反应以很快的速度顺利进行。

生成的 OH 基团［图 5-4（f）］以及 OH 的还原产物 H$_2$O 在 FeN$_3$-G 表面的最稳定吸附位像 O$_2$ 分子一样并不是垂直吸附在 Fe 位上，而是在 Fe 原子的一侧。OH $_{(ads)}$ 的吸附能为 –4.05eV，O—Fe 间的距离为 1.789Å。还原产物 H$_2$O 在表面的吸附能为 –0.89eV，O—Fe 间的距离为 2.106Å。该反应的反应能为 –0.82eV，是一个放热反应，活化能为 0.63eV。

5.4 ORR路径

5.4.1 动力学分析

比较计算得到的每一基元反应的活化能（如图 5-5 所示）可以得到一条活化能最低的 ORR 路径（红线所示）。第一步是 O$_2$ $_{(ads)}$ 分子的还原，产物为 OOH $_{(ads)}$；第二步为 OOH $_{(ads)}$ 的解离，包括直接解离和加氢解离两种解离方式，解离后的中间产物有 O$_{(ads)}$ 和 OH$_{(ads)}$；因此第三步为 O$_{(ads)}$ 原子的还原，生成 OH $_{(ads)}$；最后是 OH $_{(ads)}$ 继续被还原生成 H$_2$O $_{(ads)}$ 分子。随着这四步反应的逐渐进行，体系的能量越来越负，体系越来越趋于更稳定结构。因此，从热力学的角度分析，在 FeN$_3$-G 催化剂表面上 ORR 是一个逐渐降低能量、趋于稳定的过程。整条反应路径中活化能最高的步骤是第一个还原步，即 O$_2$ $_{(ads)}$ —— OOH $_{(ads)}$。该步骤成为整个反应的决速步骤，与 FeN$_{2+2}$-G 表面上的 ORR 的决速步骤一样。但该决速步骤在 FeN$_3$-G 催化剂上的活化能为 0.97eV，比在 FeN$_{2+2}$-G 催化剂上（0.62eV）高。说明 FeN$_3$-G 对 ORR 的催化效果比 FeN$_{2+2}$-G 要弱一些。

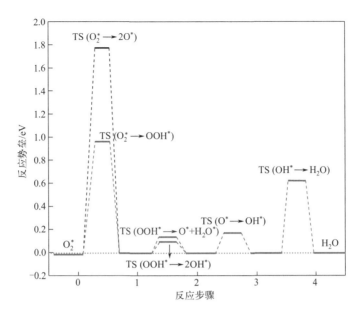

图5-5 FeN₃-G催化剂上ORR中各基元步骤的相对活化能

（每一步反应中都把反应物和产物的能量设为零，用TS表示括号中所示的基元反应的过渡态）

5.4.2 热力学分析

计算得到的整个 ORR 路径的吉布斯自由能台阶图如图 5-6 所示，在零电极电势下 OH 还原为 H_2O，这一反应的 ΔG 大于零；当电极电势大于 0.45V 时，O_2 还原为 OOH 这一反应的 ΔG 也大于零；当电极电势大于 0.88V 时，O 还原为 OH 这一反应的 ΔG 也大于零。在零电极电势下 OH 还原为 H_2O 的 ΔG 等于 0.78eV，如此正的 ΔG 值使得整个 ORR 路径成为一个很难自发进行的反应。因此，从热力学的角度看 FeN₃-G 结构的材料不是一个好的 ORR 催化剂。

本小节工作主要研究了在含 FeN₃ 结构的石墨烯表面的 ORR 机理。考察了所有可能的反应通道，计算了每一基元步骤的反应能和活化能以及四电子 ORR 路径中每一基元步骤的吉布斯自由能变。结果证明：FeN₃-G 具有催化氧还原活性。活性中心是 Fe 位，所有的反应物、中间产物及最终产物的稳定吸附位都是 Fe 位。O_2 分子以 side-on 的平行结构吸附在表面上，但这种结构并没有使氧分子容易解离，因此在 FeN₃-G 催化剂上氧的解离机理是行不通的。H_2O_2 分子在 FeN_3-G 催化剂上不能稳定存在，说明 ORR 不可能沿二电子路径进行。ORR 的最佳反应路径是一条四电子反应路径。具体步骤为 $O_{2\,(ads)}$ 的还原、$OOH_{(ads)}$ 的解离、$O_{(ads)}$ 的还原、$OH_{(ads)}$ 的还原。其中，活化能最大（0.96eV）的步骤是第一步 $O_{2\,(ads)}$ 的还原，是整个反应的动力学决速步骤。但是，最后一步 $OH_{(ads)}$ 的还原反应在零电极电势下吉布斯自由能的改变值为正值，意味着反应在该条件下不能自发进行，严重阻碍了整个 ORR 的发生。因此，从热力学角度看 FeN_3-G 结构的材料不是一个好的 ORR 催化剂。

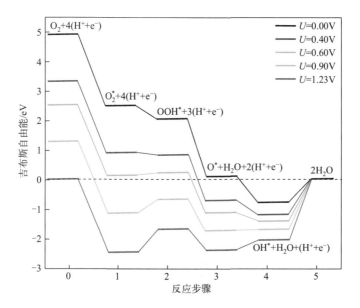

图5-6 不同电极电势（U）下FeN_3-G催化剂上ORR路径的吉布斯自由能台阶图
（带*表示吸附在表面上）

5.5 外电场对H_2O分子吸附的影响

ORR 催化剂的催化活性与它对表面分子的吸附有着很大的关系，特别是 H_2O 分子。首先，ORR 是在电解质溶液中进行的，在催化剂的周围存在大量的水分子。如果水分子的吸附较强，水分子将长期占据催化剂的活性位而使得氧分子不能被吸附。其次，水分子也是 ORR 的最终产物。生成的水分子与催化剂表面有较强的吸附作用，将增大水分子的扩散活化能，H_2O 分子会占据吸附位，直接影响 ORR 的持续进行，进而降低催化剂的催化活性甚至使催化剂钝化。可见 H_2O 分子在 ORR 催化剂表面的吸附至关重要，较强的水分子吸附将严重影响催化剂的催化活性。

外电场被认为是一种可以有效且有规律地调节石墨烯物理性质的方法。与别的方法相比，在实际应用中电场有许多优点，如清洁、容易获得、可调节方向和强度等。Zhou 等[21] 报道，将电场施加到一个完全氢化的石墨烯片上时可以卸载一侧的氢原子，而保持另一侧的氢原子仍在表面上，从而形成一个半氢化的石墨烯片。电场对气体分子在金属掺杂石墨烯表面的吸附、解离、扩散等行为有很大影响。电场可以用来控制 H_2 分子在 Li 掺杂石墨烯表面上的吸附 / 解吸过程[22]，CO 分子在 Al 掺杂石墨烯表面上的吸附 / 解吸行为[23]，NO 在 Al、Ga 和 Mn 掺杂的石墨烯表面上的吸附和分解[24]。Zhang 等[25] 研究了外电场对 O_2 分子在 Au 掺杂石墨烯表面上吸附的影响，结果发现外电场可以改变 O_2 分子在表面的吸附能，可以有效调节 Au 掺杂石墨烯表面的催化性能。因此本小节以 H_2O 分子在 FeN_3-G 催化剂表面的吸附体系为例研究了外电场对水分子吸附行为的影响。

5.5.1 计算方法与模型

本节使用的模型如图 5-7 所示。在该系统的垂直方向（z 方向）加入电场，电场方向向上定义为"+"电场，电场方向向下定义为"–"电场。为了研究外电场强度对 H_2O 分子在 FeN_3-G 催化剂表面上吸附行为的影响，不断改变施加到该表面上的电场强度，强度从 –1.25V/Å 到 1.5V/Å，变化间隔为 0.25V/Å。在外电场下 H_2O 分子在 FeN_3-G 表面上的吸附能（E_{ads}）计算公式为 $E_{ads}=E_{tot}-E_{FeN_3-G}-E_X$，其中，$E_{tot}$、$E_{FeN_3-G}$ 和 E_X 分别表示在相同的外电场强度下吸附了 H_2O 分子的 FeN_3-G 表面总能、纯净的 FeN_3-G 表面能量和孤立的 H_2O 分子能量。用该公式计算得到的吸附能越负表明吸附越强。

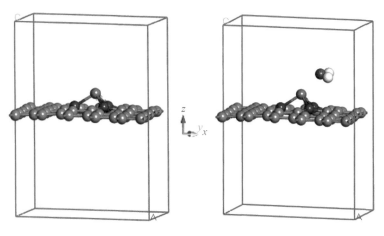

图5-7 FeN$_3$-G催化剂及吸附了H$_2$O分子的催化剂

（红色、白色、灰色、蓝色和紫色的球分别表示O、H、C、N、Fe原子）

5.5.2 H$_2$O分子的吸附

首先优化了没有外加电场下孤立的 H$_2$O 分子、FeN$_3$-G 体系和 H$_2$O 分子吸附在 FeN$_3$-G 表面的结构，结果发现由于 H$_2$O 分子的吸附，Fe-N$_1$、Fe-N$_2$ 和 Fe-N$_3$ 的键长分别为 1.85Å、1.85Å 和 1.86Å（见表 5-3），比未吸附的 FeN$_3$-G 结构中的 Fe—N 键（平均 1.82Å）有所拉长。吸附的 H$_2$O 分子平行于催化剂表面（图 5-7），H—O—H 之间的夹角 $[\varphi(\text{H—O—H})]$ 为 103.99°，两个 O—H 键长都为 0.98Å，与自由的 H$_2$O 分子的结构参数非常接近。显然，无电场条件下的吸附对 H$_2$O 分子的结构影响不大，吸附能为 −0.84eV。

表5-3 不同电场强度下水分子的吸附能（E_{ads}）、吸附高度（$d_{Fe—O}$）、Fe—N 和 O—H 键键长（$d_{Fe—N}$, $d_{O—H}$）

外加电场 / （V/Å）	$d_{Fe—O}$/Å	$d_{Fe—N_1}$/Å	$d_{Fe—N_2}$/Å	$d_{Fe—N_3}$/Å	$d_{O—H_1}$/Å	$d_{O—H_2}$/Å	E_{ads}/eV
−1.25	2.37	1.83	1.83	1.83	0.98	0.99	−0.12
−1.00	2.11	1.84	1.85	1.85	0.98	0.98	−0.23
−0.75	2.21	1.84	1.84	1.84	0.98	0.98	−0.35
−0.50	2.17	1.84	1.85	1.85	0.98	0.98	−0.49

外加电场/ (V/Å)	d_{Fe-O}/Å	d_{Fe-N_1}/Å	d_{Fe-N_2}/Å	d_{Fe-N_3}/Å	d_{O-H_1}/Å	d_{O-H_2}/Å	E_{ads}/eV
-0.25	2.13	1.84	1.85	1.85	0.98	0.98	-0.65
0.00	2.11	1.85	1.85	1.86	0.98	0.98	-0.84
0.25	2.09	1.85	1.86	1.86	0.98	0.98	-0.86
0.50	2.10	1.86	1.87	1.87	0.98	0.98	-0.96
0.75	2.09	1.87	1.87	1.88	0.98	0.98	-1.09
1.00	2.08	1.88	1.89	1.89	0.98	0.98	-1.25
1.25	2.07	1.90	1.89	1.90	0.98	0.98	-1.44
1.50	2.06	1.91	1.91	1.91	0.99	0.98	-1.64

5.5.3 外电场对结构的影响

对吸附了 H_2O 分子的 FeN_3-G 体系分别加入不同强度的电场，在负电场强度下优化得到的结构见图 5-8，正电场强度下优化得到的结构见图 5-9。从结构图来看负电场对吸附的水分子影响不大，水分子由零电场下的平行吸附略微转变为氢原子低而氧原子高的倾斜吸附。而在正电场下水分子变化很大，当电场强度只增加到 0.5V/Å 时水分子已经由平行吸附转变为了氢原子在上而氧原子在下的垂直吸附。从表 5-3 可以看出外电场对三个 Fe—N 键长 d_{Fe-N} 是有影响的。随着正电场强度的增加三个 Fe—N 键长逐渐变长，当电场强度达到 1.50V/Å 时，三个键长拉长到 1.91Å；随着负电场强度的增加三个 Fe—N 键长逐渐缩短，当电场强度达到 -1.25V/Å 时，三个键长缩短到 1.83Å。但不管怎样的电场方向和电场强度，三个 Fe—N 键都始终保持键长几乎相等，可见 Fe 原子始终保持在中心位置。

为了考察外电场的加入对吸附的 H_2O 分子位置和结构的影响，计算了不同电场作用下 O—Fe—N 之间的夹角 φ（O—Fe—N$_1$）、φ（O—Fe—N$_2$）、φ（O—Fe—N$_3$），以及 H—O—H 之间的夹角 φ（H—O—H），变化趋势如图 5-10 和图 5-11 所示。

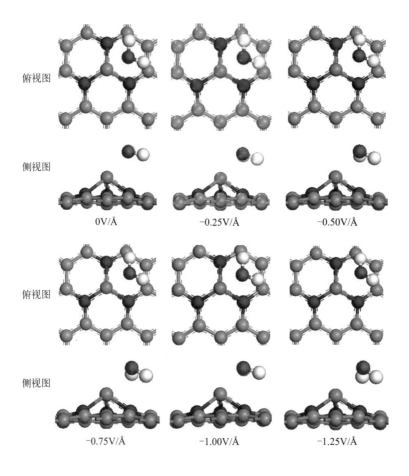

俯视图

侧视图

0V/Å   -0.25V/Å   -0.50V/Å

俯视图

侧视图

-0.75V/Å   -1.00V/Å   -1.25V/Å

图5-8 优化得到的在无电场和负电场强度作用下H_2O在FeN_3-G上吸附的结构
俯视及侧视图

（红色、白色、灰色、蓝色和紫色的球分别表示O、H、C、N、Fe原子）

从图 5-10 中可以看到在正电场中随着电场强度从 0V/Å 到 1.50V/Å 逐
渐变大，O—Fe—N 之间的夹角都呈现出规律性的变化。φ（O—Fe—N_1）
和 φ（O—Fe—N_2）这两个夹角随着电场强度逐渐增大而明显增大，另
一个夹角 φ（O—Fe—N_3）却在不断减小。可见在 FeN_3-G 表面上吸附的
H_2O 分子的水平位置发生了变化。结合图 5-9 可以看到随着正方向电场强
度的不断增强，吸附的水分子逐渐向过渡金属 Fe 的位置移动，当电场强
度为 1.50V/Å 时 H_2O 分子的位置非常靠近 Fe 原子的正上方。同时水分子
的结构发生了旋转，由无电场时的平行吸附到电场强度为 0.50V/Å 时已
基本转变为垂直于表面的吸附，且水分子中 H 原子在 O 原子的上方。在

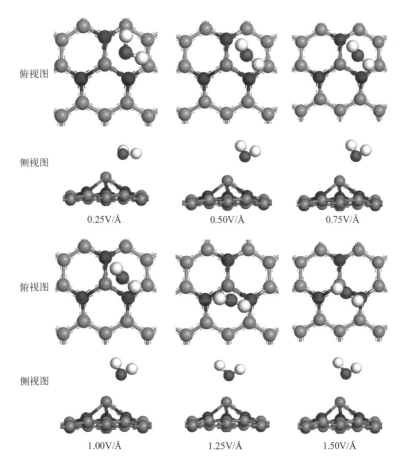

图5-9 在不同正电场强度作用下H$_2$O 在FeN$_3$-G上吸附的结构俯视及侧视图
（红色、白色、灰色、蓝色和紫色的球分别表示O、H、C、N、Fe原子）

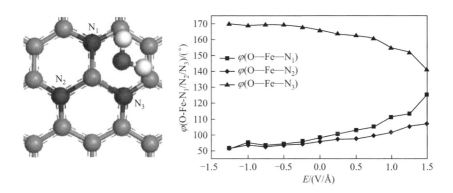

图5-10 在不同电场强度（E）下φ（O—Fe—N$_1$）、φ（O—Fe—N$_2$）、φ（O—Fe—N$_3$）的变化
（红色、白色、灰色、蓝色和紫色的球分别表示O、H、C、N、Fe原子）

H_2O分子发生旋转并移动的同时，H_2O分子本身的结构也发生了变化。虽然两个O—H键的键长（表5-3）基本没有发生变化，但从图5-11可以看到H—O—H之间的夹角[φ（H—O—H）]随着正电场强度的增大先增大后减小。

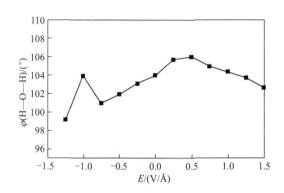

图5-11 在不同电场强度（E）下φ（H—O—H）的变化

在负电场作用下的情形与正电场的恰恰相反。从图 5-10 可以明显地看到两个夹角 φ（O—Fe—N_1）和 φ（O—Fe—N_2）随着负电场强度的不断增大而减小，而 φ（O—Fe—N_3）却在不断地增大。显然，H_2O 分子在负电场作用下不断地朝着远离 Fe 原子的方向移动。但总体来讲三个角度值的变化幅度不大，从图 5-9 也可以发现 H_2O 分子中的 O 原子相对于 Fe 原子并没有看到明显远离。可见相对于正电场，负电场对吸附水分子的水平位置的影响比较小。水分子的结构也发生了旋转，由无电场时的平行吸附转变为 H 原子在下 O 原子在上的倾斜于表面的吸附。与正电场相似，负电场下水分子在旋转移动的同时也发生了结构上的微变。两个 O—H 键键长基本保持不变（见表 5-3），但从图 5-11 可以看出在不同电场作用下键角 φ（H—O—H）发生了变化，除在 –1.0V/Å 时发生突变外，其余的随着负电场的逐渐增强键角 φ（H—O—H）逐渐变小。

图 5-12 表示了在不同的电场方向和强度下 N_1、N_2、N_3、Fe 及水中 O 原子的 Mulliken 电荷布居。可以看到 N_1、N_2、N_3 和 O 原子的 Mulliken 电荷布居都为负值，说明得到了电子；而 Fe 原子的 Mulliken 电荷布居为正值，说明 Fe 原子失去了电子。当电场强度为零时，三个 N 原子中 N_1 原子所得电荷最少，N_3 原子所得电子最多，而 N_2 原子居中。整体来

看，在不同电场作用下这些原子的电荷布居不断发生变化。N_1、N_2 和 N_3 三个原子中 N_2 原子的 Mulliken 电荷布居变化幅度最小。N_1 和 N_3 原子的 Mulliken 电荷布居变化较大且呈现规律性变化。

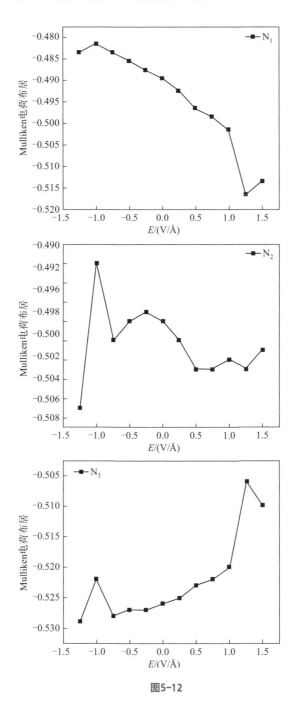

图5-12

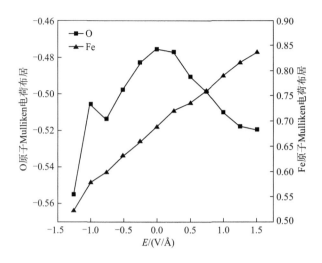

图5-12 不同电场（E）下有关原子的Mulliken电荷布居

随着正电场强度的逐渐增强，N_1 原子的 Mulliken 电荷布居（绝对值）逐渐增大，说明 N_1 原子获得了更多的电子；相反 N_3 原子的 Mulliken 电荷布居（绝对值）却随着电场强度的增强逐渐减小，意味着它获得的电子在逐渐减少。这导致 N_1 和 N_3 原子得到的电荷数差距减小趋于相等，且与 N_2 原子所带的电荷数趋于相等。这一结果可能与系统中水分子的位置有关。在正电场中随着电场强度的增加水分子更靠近 Fe 原子，且水分子发生旋转，几乎垂直吸附在 Fe 原子上方，这使得整个体系呈现出更好的中心对称性，因此三个 N 原子趋向于获得等同的电子。

随着负电场强度的逐渐增强，N_1 原子的 Mulliken 电荷布居（绝对值）逐渐减小，而 N_3 原子的 Mulliken 电荷布居（绝对值）却逐渐增大。这导致 N_1 和 N_3 原子得到的电荷数差距更大。前面已经论述在负电场中随着电场强度的增加水分子将远离 Fe 原子，且水分子发生旋转，H 原子朝下、O 原子在上倾斜吸附在 Fe 原子的一侧，破坏了原有的中心对称性。由于 H_2O 中 O 的电负性很强，吸电子的能力较强，使得离 O 原子较近的 N_1 获得的电子较少，而离得较远的 N_3 原子获得更多的电子。

无论是正电场还是负电场，随着电场强度的逐渐增强，O 原子的 Mulliken 电荷布居（绝对值）都是增大的。外电场的加入有利于 O 原子获得更多的电子。对 Fe 原子，正的电场强度越强失去的电子越多，而负的电场强度越强失去的电子越少。

5.5.4 外电场对吸附能和吸附高度的影响

在不同电场下，吸附能 E_{ads} 的变化如图 5-13 所示，具体数值列在表 5-3 中。在零电场时 H_2O 分子的吸附能为 –0.84eV。从图中可以看出在正电场作用下，随着电场强度的逐渐增大，E_{ads} 值越负，到 1.5V/Å 时 E_{ads} 的值为 –1.64eV（见表 5-3），比零电场时增加了约 95%。E_{ads} 值越负表明 H_2O 分子越有利于吸附在 FeN_3-G 表面上，即 H_2O 分子与 FeN_3-G 表面之间的相互作用越强。随着负电场强度的逐渐增大，水分子的吸附能在逐渐减小，表明分子与表面之间的相互作用力在逐渐减弱。从水分子与表面的吸附高度 $d_{Fe—O}$（图 5-13）也可得到相同的结论，随着正电场强度的逐渐增强，$d_{Fe—O}$ 在逐渐减小，说明水分子离表面的距离在逐渐减小。相反在负电场作用下，随着负电场强度的逐渐增强，$d_{Fe—O}$ 在逐渐增大，说明水分子逐渐远离表面。同时计算得到的 E_{ads} 也表明随着负电场强度的逐渐增加，吸附能变得越正，当电场强度为 –1.25V/Å 时 E_{ads} 的值达到 –0.12eV（见表 5-3），表明水分子与表面之间有非常弱的吸附作用，属于物理吸附。而此时水分子与表面的距离也达到了最大值。吸附距离的增大以及吸附能的更正都表明负电场越强越不利于 H_2O 分子在 FeN_3-G 表面上吸附，即 H_2O 分子与 FeN_3-G 表面的相互作用不断减弱。

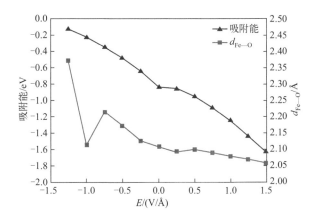

图5-13 在不同电场（E）下的吸附能和Fe—O距离（$d_{Fe—O}$）

结合图 5-12 中 Fe 和 O 原子的 Mulliken 电荷布居也可以看出：随着正电场强度的逐渐增强，Fe 原子的电荷布居不断增大，Fe 原子失去了更多的电子；而 O 原子的电荷布居（绝对值）不断增大，O 原子得到了更多的电子。说明随着正电场强度的增大，Fe 原子向 O 原子转移了更多的电子，因此 H_2O 分子与 FeN_3-G 表面之间的吸附力量不断增强。随着负电场强度的逐渐增强，Fe 原子所带的正电荷不断减小，Fe 原子失去的电子数在减小；而 O 原子所带的负电荷逐渐增大，得到了更多的电子，说明 O 原子获得的电子并不是来源于 Fe 原子，H_2O 分子与 FeN_3-G 表面的相互作用不断减弱。外电场通过影响体系的电荷分布，进而影响 H_2O 分子在 FeN_3-G 表面的吸附。

总之，通过调节施加在体系中的电场强度的方向和大小可以改变吸附体系的吸附强度。外加电场对 FeN_3-G 表面上 H_2O 分子的吸附性能有很好的调节作用。在正电场作用下，随着电场强度的增大，H_2O 分子与 FeN_3-G 表面的相互作用增强，H_2O 分子具有越负的吸附能和越小的吸附高度。

5.5.5 外电场对吸附体系的影响

应用密度泛函的理论方法对在不同电场强度下 H_2O 分子在 FeN_3-G 表面上的吸附进行计算并分析讨论，得到如下结论：

① 外加电场的加入使得吸附的 H_2O 分子的位置和结构发生了变化。在负电场作用下，随着电场强度的增加水分子在逐渐远离金属 Fe 原子的同时发生旋转，由无电场时的平行吸附转为氢低氧高的倾斜吸附。在正电场作用下，随着正电场强度的不断增强，水分子逐渐靠近 Fe 原子，最终到达金属 Fe 的正上方。同时水分子发生旋转，最终垂直吸附在催化剂表面。

② 外电场的加入使得吸附的 H_2O 分子的吸附强度发生了变化。随着外加负电场的不断增强，H_2O 分子的吸附能（绝对值）逐渐减小，吸附距离逐渐增加，H_2O 分子与 FeN_3-G 表面的相互作用在逐渐减弱。相反，随着外加正电场强度的逐渐增大，H_2O 分子的吸附能（绝对值）增大，吸附距离逐渐减小，H_2O 分子与 FeN_3-G 表面的相互作用在不断增强。外电场对 H_2O 分子在 FeN_3-G 表面上的吸附行为有很大的影响。因此，调节外电场可以成为调节气体分子在催化剂表面上吸附行为的一条有效途径。

5.6 FeN$_x$-G的ORR性能比较

  本书第3～5章研究了FeN$_x$-G（x=2、3、4、2+2）四类六种催化剂的ORR催化活性，为了更好地比较各种催化剂的性能，将六种催化剂上ORR所涉及的所有基元反应的反应能和活化能列于表5-4中，将中间产物的吸附能及键长等参数列于表5-5中。从表中的数据可以看出，由于四类催化剂中具有相同的金属中心Fe原子，相同的碳材料石墨烯，但掺杂的N元素的类型不同（有吡啶型、吡咯型和类石墨型）、数目也不同（分别为2个、3个、4个），因此在不同FeN$_x$结构的催化剂上催化性能有很多的异同点。

  首先，这六种催化剂都具有ORR催化活性。它们都可以使O$_2$分子化学吸附在表面上，吸附位都是金属Fe位。吸附的O$_2$分子不同程度地从催化剂表面获得了电子（表5-5），使得O—O键被拉长，获得的电子越多，O—O键的键长越长。在FeN$_2$-G(A)表面上O—O键长最长达到了1.423Å。但O—O键的增长并没有使O$_{2\,(ads)}$分子的直接解离变得容易，在六种结构上O$_{2\,(ads)}$分子的解离活化能都很高（表5-4）。因此，O$_2$分子的解离机理在FeN$_x$-G类型的催化剂上是行不通的。

  其次，在FeN$_x$-G类型的催化剂上，二电子还原路径是不可行的。因为二电子路径的还原产物H$_2$O$_2$分子在FeN$_2$-G和FeN$_3$-G表面无法稳定存在，优化后即分解。在FeN$_{2+2}$-G和FeN$_4$-G两个表面上虽然可以稳定吸附，但吸附后的结构已经严重变形，其中O—O键的键长由自由H$_2$O$_2$分子中的1.478Å拉长到1.960Å（FeN$_{2+2}$-G）和1.828Å（FeN$_4$-G），O—O键几乎要解离了。从后面计算得到的H$_2$O$_{2\,(ads)}$分子的解离活化能（分别为0.03eV和0.57eV）也充分证明H$_2$O$_{2\,(ads)}$分子的解离是很容易的，因此很难有稳定的H$_2$O$_2$分子出现在产物中。

  可见，在FeN$_x$-G类型的催化剂上发生的ORR都只能是沿四电子反应路径进行。但在不同的FeN$_x$-G结构上，具体的能量最低反应通道以及决速步骤却不相同。在FeN$_{2+2}$-G和FeN$_4$-G表面，最佳反应路径都是O$_{2\,(ads)}$ —→ OOH$_{(ads)}$ —→ O$_{(ads)}$+H$_2$O$_{(ads)}$ —→ OH$_{(ads)}$+H$_2$O$_{(ads)}$ —→ 2H$_2$O$_{(ads)}$。但两者的决速步骤不同，在FeN$_{2+2}$-G表面的决速步骤为第一个还原步骤，即O$_{2\,(ads)}$的还原，活化能为0.62eV。而在FeN$_4$-G表面的决

表5-4 六种FeNₓ-G催化剂上ORR中各基元反应的反应能（ΔE）和活化能（E_a）

反应步骤	FeN$_{2+2}$-G		FeN$_4$-G		FeN$_2$-G（A）		FeN$_2$-G（B）		FeN$_2$-G（C）		FeN$_3$-G	
	ΔE/eV	E_a/eV	ΔE/eV	E_a/eV	ΔE/eV	E_a/eV	ΔE/eV	E_a/eV	ΔE/eV	E_a/eV	ΔE/eV	E_a/eV
O$_2$ (ads) $\longrightarrow$ 2O (ads)	1.02	2.53	1.81	2.54	1.83	2.05	0.59	1.46	0.13	1.11	0.92	1.78
O$_2$ (ads) +H (ads) $\longrightarrow$ OOH (ads)	−2.09	0.62	−2.22	0.55	−1.88	0.19	−1.67	0.34	−1.45	0.67	−1.17	0.96
OOH (ads) $\longrightarrow$ O (ads) +OH (ads)	0.26	1.18	0.40	0.94	−0.37	0.70	−0.39	0.62	−0.22	0.21	−0.60	0.03
OOH (ads) +H (ads) $\longrightarrow$ O (ads) +H$_2$O (ads)	−2.96	0.47	−2.32	0.19	−2.26	0.81	−2.10	0.50	−3.34	0.15	−3.15	0.16
OOH (ads) +H (ads) $\longrightarrow$ 2OH (ads)	−2.60	1.14	−1.75	0.29	−2.27	0.21	−3.25	0.19	−2.34	0.42	−3.55	0.07
OOH (ads) +H (ads) $\longrightarrow$ H$_2$O$_2$ (ads)	−1.44	1.13	−0.62	0.91	—	—	—	—	—	—	—	—
H$_2$O$_2$ (ads) $\longrightarrow$ 2OH (ads)	−1.16	0.03	−0.89	0.57	—	—	—	—	—	—	—	—
O (ads) +H (ads) $\longrightarrow$ OH (ads)	−2.24	0.48	−1.53	0.81	−1.23	0.26	−1.77	0.73	−1.92	0.69	−1.85	0.18
OH (ads) +H (ads) $\longrightarrow$ H$_2$O (ads)	−1.87	0.39	−1.07	1.02	−0.16	0.60	−1.12	0.56	−0.10	0.47	−0.82	0.63

速步骤为最后一步，即 $OH_{(ads)}$ 的还原，活化能为 1.02eV。在三个 FeN_2-G 表面的最佳反应路径都为 $O_{2(ads)} \longrightarrow OOH_{(ads)} \longrightarrow 2OH_{(ads)} \longrightarrow OH_{(ads)} + H_2O_{(ads)} \longrightarrow 2H_2O_{(ads)}$。但在 FeN_2-G（A）和 FeN_2-G（B）体系中，反应的决速步骤是最后一步 $OH_{(ads)}$ 的还原，势垒分别为 0.60eV 和 0.56eV，在 FeN_2-G（C）体系中，决速步骤是第一步 $O_{2(ads)}$ 的还原，势垒为 0.67eV。而在 FeN_2-G 表面上的决速步骤又与 FeN_{2+2}-G 表面上的结果相同，即 $O_{2(ads)}$ 的还原步骤是决速步骤，活化能为 0.96eV。可见，在 FeN_x-G 类型的催化剂上决速步骤有两种，一种是 $O_{2(ads)}$ 还原生成 OOH，另一种是 $OH_{(ads)}$ 的还原。这一结论与先前的一些 DFT 计算结果一致，认为在金属表面 ORR 活性取决于两个决速步骤：$OOH_{(ads)}$ 的形成和 $OH_{(ads)}$ 的还原[26, 27]。

表5-5　六种FeN_x-G催化剂上各种相关吸附质的吸附能及吸附的O_2分子和OOH中的O—O键长（R）

项目	FeN_{2+2}-G	FeN_4-G	FeN_2-G（A）	FeN_2-G（B）	FeN_2-G（C）	FeN_3-G
E_{ads}（O_2）/eV	−0.95	−0.70	−1.55	−1.48	−1.77	−2.52
E_{ads}（OOH）/eV	−1.87	−1.74	−2.37	−1.91	−2.49	−3.07
E_{ads}（O）/eV	−4.37	−4.33	−4.98	−4.68	−5.20	−5.88
E_{ads}（OH）/eV	−2.94	−2.82	−3.44	−3.17	−3.56	−4.05
E_{ads}（H_2O）/eV	−0.48	−0.51	−0.46	−0.27	−0.85	−0.84
$R_{O—O}$/Å	1.286	1.344	1.423	1.361	1.343	1.396
$R_{O—OH}$/Å	1.465	1.458	1.499	1.483	1.464	1.519
M（O_2）/e^-	0.281	0.298	0.700	0.680	0.660	0.549

注：Mulliken电荷布居［M（O_2）］为O_2分子从表面获得的电子数。

研究表明 $O_{2(ads)}$ 还原生成 $OOH_{(ads)}$ 的难易与 $O_{2(ads)}$ 分子的吸附性质如吸附能和吸附键长有关。$O_{2(ads)}$ 分子的吸附能越强，导致 $O_{2(ads)}$ 还原生成 $OOH_{(ads)}$ 的活化能越高。比较各种 FeN_x-G 催化剂上 $O_{2(ads)}$ 分子的吸附能从大到小的顺序为：FeN_3-G、FeN_2-G（C）、FeN_2-G（A）、FeN_2-G（B）、FeN_{2+2}-G、FeN_4-G。同时按照 $O_{2(ads)}$ 还原活化能由大到小的顺序为 FeN_3-G、FeN_2-G（C）、FeN_{2+2}-G、FeN_4-G、FeN_2-G（B）、FeN_2-G（A）。可见除 FeN_2-G（A）和 FeN_2-G（B）两个体系外，其他体系基本保持了与吸附能一样的顺序。而对 FeN_2-G（A）和 FeN_2-G（B）体系吸附能较高但活化能却最低的原因很可能是由于在这两个体系中吸附的 $O_{2(ads)}$ 分子具有较长的 O—O 键长。从表 5-5 数据可知在 FeN_2-G（A）体系中 O—O 键长最长，达到 1.423Å，已经非常接近 $OOH_{(ads)}$ 中的 O—O 键长 1.499Å。

可见吸附的氧分子的吸附能和键长共同决定了 $O_{2\,(ads)}$ 还原生成 $OOH_{(ads)}$ 的活化能。吸附能越强，活化能越高；键长越长，活化能越低。

$O_{2\,(ads)}$ 分子吸附能并不是越大越好，这一点不仅体现在 $O_{2\,(ads)}$ 还原生成 $OOH_{(ads)}$ 的活化能上，同时也体现在 ORR 过程中吉布斯自由能的改变值上。根据 Nørskov 等[28] 提出的计算吉布斯自由能的方法，假设 ORR 中的最低能量反应路径中包含的基元步骤为：

$$O_2 + * \longrightarrow O_{2\,(ads)} \hspace{6cm} \Delta G_1$$

$$O_{2\,(ads)} + H^+ + e^- \longrightarrow OOH_{(ads)} \hspace{3.5cm} \Delta G_2$$

$$OOH_{(ads)} + H^+ + e^- \longrightarrow O_{(ads)} + H_2O \hspace{2.5cm} \Delta G_3$$

$$O_{(ads)} + H^+ + e^- \longrightarrow OH_{(ads)} \hspace{3.5cm} \Delta G_4$$

$$OH_{(ads)} + H^+ + e^- \longrightarrow H_2O + * \hspace{3.3cm} \Delta G_5$$

上式中，*表示催化剂表面的活性位，下标（ads）表示吸附在活性位上的吸附态。五步反应的总反应为 $O_2 + 4\,(H^+ + e^-) \longrightarrow 2H_2O$，该反应的 $\Delta G = -4.92\text{eV}$。根据盖斯定律上面五步反应的 ΔG 的加和等于 -4.92eV（$\Delta G = \Delta G_1 + \Delta G_2 + \Delta G_3 + \Delta G_4 + \Delta G_5 = -4.92\text{eV}$）。可以看到其中的第一步是 O_2 分子的吸附，而 DFT 计算得到的氧分子的吸附能 E_{ads} 与吸附过程 ΔG 的差距是很小的。因此，当氧分子的吸附很强时，以 FeN$_3$-G 为例，吸附能达到了 -2.52eV，也就意味着后面四步反应的 ΔG 的加和（$\Delta G_2 + \Delta G_3 + \Delta G_4 + \Delta G_5$）$= -2.4\text{eV}$。在这种情况下，很难保证四步中每一步的 ΔG 都小于零。这也就意味着很难保证 ORR 中的每一个基元步骤的 ΔG 都小于零，都是一个自发过程。本书计算得到的 ΔG 的结果也印证了这一推测。在 $O_{2\,(ads)}$ 分子的吸附能排序最大的三个体系 FeN$_3$-G、FeN$_2$-G（C）和 FeN$_2$-G（A）中，最后一步 OH 的还原步骤在零电极电势下的 ΔG_5 都是大于零的值，使得整个反应不能自发进行，成为热力学决速步骤。吸附能排在第四位的 FeN$_2$-G（B）体系中，虽然在零电极电势下 ORR 过程中的每一个基元步骤的 ΔG 都是小于零的，但 ΔG_5 也仅仅是略低于零，为 -0.19eV。而在吸附能最弱的 FeN$_4$-G 体系中，在零电极电势下 ORR 过程中的每一个基元步骤的 ΔG 都是小于零的，其中绝对值最小的为第二步 $O_{2\,(ads)}$ 的还原步骤，ΔG_2 等于 -0.45eV。可见太强的氧分子吸附将不利于整个 ORR 的自动发生。

最后，比较各种 FeN$_x$-G 催化剂的动力学决速步骤的活化能发现，活化能最小的为 FeN$_2$-G（B）结构，其次是 FeN$_2$-G（A），然后是 FeN$_{2+2}$-G、FeN$_2$-G（C）、FeN$_3$-G，最大为 FeN$_4$-G 结构。ORR 催化活性从大到小排序为 FeN$_2$-G（B）、FeN$_2$-G（A）、FeN$_{2+2}$-G、FeN$_2$-G（C）、FeN$_3$-G、FeN$_4$-G。位居前四的 FeN$_2$-G（B）、FeN$_2$-G（A）、FeN$_{2+2}$-G 和 FeN$_2$-G（C）的催化活性差距不大。这四种结构的一个共同点是其中的 N 原子都是吡啶型 N。可见吡啶型 N 是 FeN$_x$-G 结构的 ORR 催化剂的首选 N 类型。

综上所述，本书所研究的四类六种 FeN$_x$-G（x=2, 3, 4, 2+2）结构的催化剂都具有 ORR 催化活性，而且 ORR 都是沿四电子路径进行，最终的产物只有 H$_2$O。六种催化剂的催化性能有所差别，其中 FeN$_2$-G（B）的催化性能最好。

参考文献

[1] Byon H R, Suntivich J, Shao-Horn Y. Graphene-based non-noble-metal catalysts for oxygen reduction reaction in acid. Chem Mate, 2011, 23 (15): 3421-3428.

[2] Holby E F, Wu G, Zelenay P,et al. Structure of Fe-N$_x$-C Defects in Oxygen Reduction Reaction Catalysts from First-Principles Modeling. Journal of Physical Chemistry C, 2014, 118 (26): 14388-14393.

[3] Kattel S, Atanassov P, Kiefer B. Stability, Electronic and Magnetic Properties of In-Plane Defects in Graphene: A First-Principles Study. Journal of Physical Chemistry C, 2012, 116 (14): 8161-8166.

[4] Li Y, Zhou Z, Yu G, et al. CO Catalytic Oxidation on Iron-Embedded Graphene: Computational Quest for Low-Cost Nanocatalysts. Journal of Physical Chemistry C, 2010, 114: 6250-6254.

[5] Zhang T, Xue Q, Shan M, et al. Adsorption and Catalytic Activation of O$_2$ Molecule on the Surface of Au-Doped Graphene under an External Electric Field. Journal of Physical Chemistry C, 2012: 19918.

[6] Zhang P, Chen X F, Lian, J S, et al. Structural Selectivity of CO Oxidation on Fe/N/C Catalysts. Journal of Physical Chemistry C, 2012, 116: 17572-17579.

[7] Gutsev G, Rao B, Jena P. Systematic Study of Oxo, Peroxo, and Superoxo Isomers of 3d-Metal Dioxides and Their Anions. Journal of Physical Chemistry A, 2000, 104 (51): 11961-11971.

[8] Li Y, Zhou Z, Yu G, et al. Co Catalytic Oxidation on Iron-Embedded Graphene:

Computational Quest for Low-Cost Nanocatalysts. Journal of Physical Chemistry C,2010, 114 (14): 6250-6254.

[9]   Chen R, Li H, Chu D, et al. Unraveling Oxygen Reduction Reaction Mechanisms on Carbon-Supported Fe-Phthalocyanine and Co-Phthalocyanine Catalysts in Alkaline Solutions. Journal of Physical Chemistry C, 2009, 113 (48): 20689-20697.

[10] Wang G, Ramesh N, Hsu A, et al. Density functional theory study of the adsorption of oxygen molecule on iron phthalocyanine and cobalt phthalocyanine. Molecular Simulation, 2008, 34 (10-15): 1051-1056.

[11] Nørskov J K, Rossmeisl J, Logadottir A, et al. Origin of the overpotential for oxygen reduction at a fuel-cell cathode. Journal of Physical Chemistry B, 2004, 108 (46): 17886-17892.

[12] Lee D H, Lee W J, Kim S O, et al. Theory, synthesis, and oxygen reduction catalysis of Fe-Porphyrin-like carbon nanotube. Physical Review Letters, 2011, 106 (17): 175502.

[13] Sun J, Fang Y-H, Liu Z-P. Electrocatalytic oxygen reduction kinetics on Fe-center of nitrogen-doped graphene. Physical Chemistry Chemical Physics, 2014, 16 (27): 13733-13740.

[14] Kattel S, Atanassov P, Kiefer B. A density functional theory study of oxygen reduction reaction on non-PGM Fe-N_x-C electrocatalysts. Physical Chemistry Chemical Physics, 2014, 16 (27): 13800-13806.

[15] Chen X, Li F, Zhang N, et al. Mechanism of oxygen reduction reaction catalyzed by Fe(Co)-N_x/C. Physical Chemistry Chemical Physics, 2013, 15 (44): 19330-19336.

[16] Kattel S, Wang G. A density functional theory study of oxygen reduction reaction on Me-N4 (Me= Fe, Co, or Ni) clusters between graphitic pores. Royal Society of Chemistry, 2013, 1: 10790-10797.

[17] Zhang J, Wang Z, Zhu Z. The Inherent Kinetic Electrochemical Reduction of Oxygen into H_2O on FeN$_4$-Carbon: A Density Functional Theory Study. Journal of Power Sources, 2014, 255: 65-69.

[18] Zhang J, Wang Z, Li L, et al. Self-assembly of CNH Nanocages with Remarkable Catalytic Performance. Journal of Materials Chemistry A, 2014, 2: 8179-8183.

[19] Zhang J, Wang Z, Zhu Z. A density functional theory study on oxygen reduction reaction on nitrogen-doped graphene. Journal of Molecular Modeling, 2013, 19: 5515-5521.

[20] Chen X, Sun S, Wang X, et al. DFT Study of Polyaniline and Metal Composites as Nonprecious Metal Catalysts for Oxygen Reduction in Fuel Cells. Journal of Physical Chemistry C, 2012, 116 (43): 22737-22742.

[21] Zhou J, Wu M M, Zhou X, et al. Tuning electronic and magnetic properties of graphene by surface modification. Applied Physics Letters, 2009, 95(10): 1031081-1031083.

[22] Liu W, Zhao Y H, Nguyen J, et al. Electric field induced reversible switch in hydrogen storage based on single-layer and bilayer graphenes. Carbon, 2009, 47(15): 3452-3460.

[23] Ao Z M, Li S, Jiang Q. Correlation of the applied electrical field and CO adsorption/desorption behavior on Al-doped graphene. Solid State Communications, 2010, 150(13): 680-683.

[24] Ao Z M, Peeters F M. Electric field: A catalyst for hydrogenation of graphene. Applied Physics Letters, 2010, 96(25): 2531061-2531063.

[25] Zhang T, Xue Q, Shan M, et al. Adsorption and catalytic activation of O_2 molecule on the surface of Au-doped graphene under an external electric field. Journal of Physical Chemistry C, 2012, 116(37): 19918-19924.

[26] Rossmeisl J, Qu Z-W, Zhu H, Kroes G-J, Nørskov J K. Electrolysis of Water on Oxide Surfaces. Journal of Electroanalytical Chemistry. 2007, 607 (1): 83-89.

[27] Rossmeisl J, Logadottir A, Nørskov J K. Electrolysis of Water on (Oxidized) Metal Surfaces. Chemical Physics. 2005, 319 (1): 178-184.

[28] Nørskov J K, Rossmeisl J, Logadottir A, et al. Origin of the overpotential for oxygen reduction at a fuel-cell cathode. J Phys Chem B, 2004, 108 (46): 17886-17892.

第**6**章 CoN$_x$–G （x=2+2, 4） 结构催化剂 性能研究

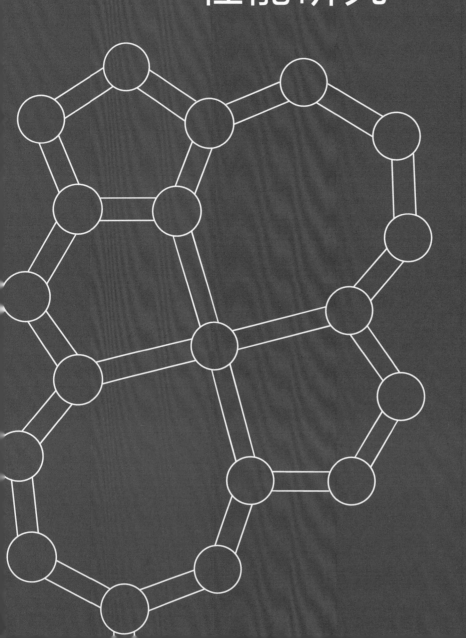

实验上已经成功合成了很多过渡金属（如 Fe、Co、Mn、Ni、Cu）配位的氮掺杂碳纳米材料[1-5]，并证明其具有良好的 ORR 活性，但从目前报道的结果来看 Fe 和 Co 的表现是最好的。对于 FeN$_x$/C 体系，x 可以是 2、2+2、3、4 或 5[6-10]。对于 CoN$_x$/C 结构，x 主要是 2 或 4。理论和实验结果都证明含有 CoN$_4$ 和 CoN$_2$ 的石墨烯结构是很容易形成的，形成能为负值，在能量上前者比后者更稳定[11,12]，但在 ORR 催化活性上二者哪个更好却还没有定论[13-16]。

本章通过 DFT 计算方法研究了含 CoN$_x$（x=2+2, 4）结构的石墨烯材料作为 ORR 催化剂的催化机理和催化性能，通过比较各基元反应步骤的活化能，找到一条能量最低的 ORR 通道并确定其动力学决速步骤；通过计算各基元反应的吉布斯自由能变及电极电势对自由能变的影响，确定 ORR 路径的热力学决速步骤及 ORR 自发进行的最高电极电势。

6.1 计算参数及模型

CoN$_x$-G（x=2+2,4）模型是在（6×6）的周期性石墨烯晶胞中杂入 CoN$_x$ 结构，z 方向的真空层厚度为 15Å，以确保相邻两层之间的相互作用力可以忽略不计。Co 原子与四个吡啶型 N 配位，记作 CoN$_{2+2}$-G，如图 6-1（a）所示；Co 原子与四个吡咯型 N 配位，记作 CoN$_4$-G，如图 6-1（b）所示。在这两种结构中形变最大的是 CoN$_4$-G 结构，Co、N 原子以及与 N 原子相连的 C 原子都不同程度地凸出于表面，形成了一个以 Co 原子为最高点的"帽形"凸起；Co 原子凸出于石墨烯表面约 1.51Å，四个 Co—N 键的键长几乎相等，约为 1.90Å。而在 CoN$_{2+2}$-G 模型中所有的原子包括 Co、N 和 C 原子都处于同一平面内，在 Co 中心形成了两个含 Co 原子的五元环和两个六元环；四个 Co—N 键的键长完全相等，为 1.89Å。计算得到的形成能结果表明两种结构中 CoN$_4$-G 催化剂的形成能为正值（1.74eV），这就意味着 CoN$_4$-G 结构难形成，要吸收一定的能量才能形成。而 CoN$_{2+2}$-G 结构的形成能为负值（−3.41eV），意味着该结构容易形成，形成该结构是放热的热力学有利过程。说明在相同的条件下体系更倾向于以 CoN$_{2+2}$-G

结构存在。从过渡金属的结合能来看，CoN$_{2+2}$-G 和 CoN$_4$-G 两种结构的结合能分别为 –7.35eV 和 –8.43eV。结合能为负值表示金属 Co 与其配位的原子之间有很强的相互作用力。比较结合能发现 CoN$_4$-G 结构中 Co—N 之间的结合能最强。综合结合能和形成能的结果，CoN$_{2+2}$-G 结构容易形成且形成的键之间的相互作用很强，结构很稳定；而 CoN$_4$-G 结构虽然不容易生成，但一旦该结构在一定条件下生成，其较强的键相互作用力使它能稳定存在。这种情况与第 3 章中相同结构的 Fe 配合物（FeN$_4$-G）的情形是一样的。

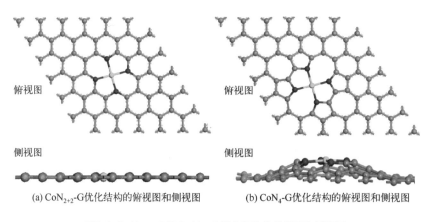

(a) CoN$_{2+2}$-G优化结构的俯视图和侧视图   (b) CoN$_4$-G优化结构的俯视图和侧视图

图6-1 CoN$_{2+2}$-G和CoN$_4$-G优化结构的俯视图和侧视图
（灰色、绿色和蓝色球体分别代表C、Co和N原子）

6.2 CoN$_{2+2}$-G催化剂的ORR机理

6.2.1 中间体在表面上的吸附

一般来说，O$_2$ 有两种吸附模式：O$_2$ 与石墨烯平面相平行的 side-on 结构和相对石墨烯平面倾斜的 end-on 结构。O$_2$ 在 CoN$_{2+2}$-G 结构上的两种吸附模式如图 6-2 所示。从侧视图中可以看到 O$_2$ 吸附在 Co 原子上，在 end-on 吸附结构中由于 O$_2$ 的吸附，Co 原子略凸出于催化剂表面，Co—N 键被略微拉长，O 原子到 Co 原子的距离为 1.920Å。同时，吸附的 O$_2$ 的

O—O 键被拉伸，键长为 1.347Å，O_2 被激活，吸附能为 –0.79eV。相比 O_2 的 end-on 吸附，O_2 的 side-on 吸附较弱，虽然吸附了 O_2 的催化剂表面有较大的变形，Co 以及与它相连的 N 原子都凸出于催化剂表面，但吸附的 O_2 的 O—O 键只是略微拉长，键长为 1.281Å，在表面上的吸附能也只有 –0.26eV。

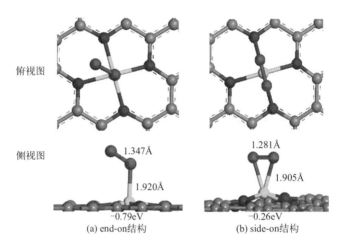

图6-2 O_2吸附在CoN_{2+2}-G上的最稳定结构的俯视图和侧视图
（红色、灰色、绿色和蓝色球体分别代表O、C、Co和N原子）

在 ORR 过程中，除了 O_2 以外，还有 OOH、O、OH、H_2O 和 H_2O_2 五种中间产物。五种中间体在 CoN_{2+2}-G 表面上的吸附结构如图 6-3 所示。从图 6-3 中可以看出，这六种中间体的吸附位点都是过渡金属 Co。

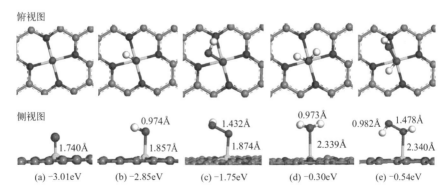

图6-3 O、OH、OOH、H_2O和H_2O_2稳定吸附在CoN_{2+2}-G 结构上的俯视图和侧视图
（白色、红色、灰色、绿色和蓝色球体分别代表H、O、C、Co和N原子）

H$_2$O$_2$ 的吸附是 ORR 过程中的一个重要步骤，因为它将决定 ORR 路径。若 H$_2$O$_2$ 的吸附太强对 H$_2$O$_2$ 分子的脱附不利，同时 H$_2$O$_2$ 可以分解成两个 OH，那么 ORR 是一条四电子反应路径，生成产物 H$_2$O。相反，较弱的 H$_2$O$_2$ 吸附表明 H$_2$O$_2$ 易于解吸，二电子 ORR 路径是有利的。从图 6-3（e）可以看出，H$_2$O$_2$ 可以稳定地吸附在表面上，吸附能为 -0.54eV。H$_2$O$_2$ 吸附强度适中。因此，不能仅通过吸附能来确定 ORR 的路径，需要考察 H$_2$O$_2$ 的解离活化能。

H$_2$O 的吸附是 ORR 的另一个重要步骤，在燃料电池中，反应是在水存在的情况下进行的，Co 位点是 O$_2$ 和 H$_2$O 分子的唯一活性位点，两个分子之间存在竞争吸附。比较了 O$_2$ 和 H$_2$O 的吸附能，结果表明在 CoN$_{2+2}$-G 上 O$_2$ 的吸附能为 -0.79eV，比 H$_2$O 分子的吸附能 -0.30eV 强得多。因此，O$_2$ 将比 H$_2$O 优先吸附在 CoN$_{2+2}$-G 的 Co 位点上。

6.2.2 O$_2$ 的解离和 OOH 的形成

表 6-1 列出了 ORR 过程中每个基本步骤的反应能和活化能。与前面章节中 FeN$_x$-G 结构催化剂上的情况一样，在 CoN$_{2+2}$-G 上 O$_2$ (ads) 解离是吸热反应，反应能为 1.99eV，并且 O$_2$ (ads) 解离有很高的活化能 2.48eV，这表明 O$_2$ (ads) 解离在这种催化剂上是不利的。

表 6-1 两种 CoN$_4$-G 基元反应的反应能（ΔE）和活化能（E_a）

基元反应	CoN$_{2+2}$-G		CoN$_4$-G	
	ΔE/eV	E_a/eV	ΔE/eV	E_a/eV
O$_2$ (ads) ⟶ 2O (ads)	1.99	2.48	2.03	2.44
O$_2$ (ads) +H$^+$+e$^-$ ⟶ OOH (ads)	−1.99	0.24	−1.61	0.47
OOH (ads) ⟶ O (ads) +OH (ads)	0.91	1.96	0.35	—
OOH (ads) +H$^+$+e$^-$ ⟶ O (ads) +H$_2$O (ads)	−1.87	0.34	−1.65	2.40
OOH (ads) +H$^+$+e$^-$ ⟶ 2OH (ads)	−2.38	0.56	−1.78	0.86
OOH (ads) +H$^+$+e$^-$ ⟶ H$_2$O$_2$ (ads)	−1.25	0.61	−0.80	1.07
H$_2$O$_2$ (ads) ⟶ 2OH (ads)	−1.13	0.28	0.41	0.50
O (ads) +H$^+$+e$^-$ ⟶ OH (ads)	−3.27	0.33	−2.53	0.54
OH (ads) +H$^+$+e$^-$ ⟶ H$_2$O (ads)	−1.75	0.42	−1.33	0.84

$O_{2(ads)}$ 被还原为 $OOH_{(ads)}$ 的方程式为 $O_{2(ads)} + H^+ + e^- \longrightarrow OOH_{(ads)}$。在 CoN_{2+2}-G 催化剂上,这个还原反应是放热反应,反应热为 -1.99eV,且活化能很低。研究表明,在 CoN_{2+2}-G 上,当一个 H 原子位于 end-on 吸附的 O_2 附近时,优化后直接生成了 OOH,搜索不到反应的过渡态。当初始状态下 O_2 以 side-on 结构吸附在 Co 上并且 H 原子吸附在其中的一个 N 原子上,如图 6-4 所示,该步骤的活化能为 0.24eV,非常容易克服,远低于 $O_{2(ads)}$ 解离的活化能。因此,在 CoN_{2+2}-G 模型上,从热力学和动力学两方面来看,还原成 OOH 是 O_2 还原的有利途径。

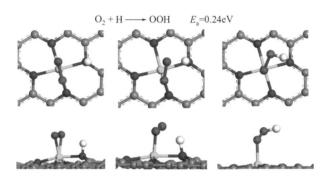

$O_2 + H \longrightarrow OOH$ E_a=0.24eV

图6-4 O_2在CoN_{2+2}-G上还原为OOH的始态、过渡态和终态结构的俯视图和侧视图
(白色,红色,灰色,绿色和蓝色球体分别代表H、O、C、Co和N原子)

6.2.3 四电子反应路径

$OOH_{(ads)}$ 的 O—OH 键断裂是决定四电子路径和二电子路径哪条路径有利的关键。$OOH_{(ads)}$ 的直接解离在 CoN_{2+2}-G 上是吸热反应,反应能为 0.91eV,而且该反应在 CoN_{2+2}-G 上的解离活化能很大,为 1.96eV,表明 $OOH_{(ads)}$ 很难在 CoN_{2+2}-G 催化剂上直接分离。

此外,$OOH_{(ads)}$ 可以在引入的 H 原子的帮助下断裂 O—OH 键。由于 $OOH_{(ads)}$ 的空间不对称性,生成的产物与引入的 H 原子的位置密切相关。如图 6-5(a)所示,当 H 原子吸附在 $OOH_{(ads)}$ 基团中 OH 一侧的位置时,可以在 H 原子的帮助下还原为 $O_{(ads)}$ 和 H_2O,反应方程式为 $OOH_{(ads)} + H^+ + e^- \longrightarrow O_{(ads)} + H_2O_{(ads)}$。在产物中 $O_{(ads)}$ 原子仍然吸附在 Co 位上,而形成的 H₂O 分子则离开表面，H₂O 分子与表面之间的最近距离大于 3.00Å。这一步的活化能为 0.34eV，活化能较低在动力学上是有利的。当 H 原子吸附在与 Co 原子相连的那个 O 原子一侧的位置时，$OOH_{(ads)}$ 可以加氢生成两个 $OH_{(ads)}$，如图 6-5（b）所示，方程式表示为 $OOH_{(ads)}$ + $H^+ + e^- \longrightarrow 2OH_{(ads)}$。这一反应也是一个放热反应，反应能为 −2.38eV。反应的活化能为 0.56eV，虽然比反应生成 $O_{(ads)}$ 和 H_2O 的活化能 0.34eV 要高但在燃料电池的工作条件下还是非常容易克服的。因此，在 CoN_{2+2}-G 结构催化剂上将 $OOH_{(ads)}$ 还原为两个 $OH_{(ads)}$ 或 $O_{(ads)}$ 和 H_2O 都是有利的，它们的活化能都比较小。

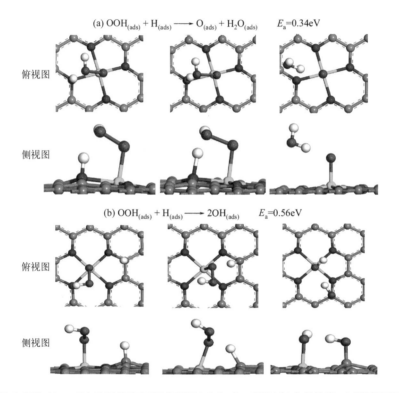

图6-5 在CoN_{2+2}-G上OOH加氢还原成O和H₂O（a）、2OH（b）的始态、过渡态和终态结构的俯视图和侧视图

（白色、红色、灰色、绿色和蓝色球体分别代表H、O、C、Co和N原子）

四电子 ORR 路径的最后两步是 $O_{(ads)}$ 和 $OH_{(ads)}$ 的还原，反应方程式分别用 $O_{(ads)}$ + $H^+ + e^- \longrightarrow OH_{(ads)}$ 和 $OH_{(ads)}$ + $H^+ + e^- \longrightarrow H_2O_{(ads)}$ 表示。在 CoN_{2+2}-G 上这两个步骤都是放热反应（表 6-1），在能量上是有利的。

O $_{(ads)}$ 和 OH $_{(ads)}$ 还原的活化能分别为 0.33eV 和 0.42eV，表明这两个过程很容易发生。

6.2.4 二电子反应路径

与解离还原不同，OOH $_{(ads)}$ 可以与 H 结合生成 H$_2$O$_2$，反应方程式为 OOH $_{(ads)}$+H$^+$+e$^-$ $\longrightarrow$ H$_2$O$_2$ $_{(ads)}$，这是一条二电子 ORR 路径。H$_2$O$_2$ $_{(ads)}$ 的形成、解吸和解离过程示意如图 6-6 所示。可以看到 H$_2$O$_2$ $_{(ads)}$ 形成的反应能和活化能分别为 −1.25eV 和 0.61eV。与 OOH $_{(ads)}$ 解离还原反应相比，生成 H$_2$O$_2$ $_{(ads)}$ 的活化能略高，但是仍然容易克服。因此，生成二电子 ORR 产物 H$_2$O$_2$ $_{(ads)}$ 是可能的。对 H$_2$O$_2$ $_{(ads)}$ 的解吸和解离过程进行对比，H$_2$O$_2$ $_{(ads)}$ 解离的活化能很低，只有 0.28eV，表明吸附的 H$_2$O$_2$ $_{(ads)}$ 很容易发生解离。同时，H$_2$O$_2$ $_{(ads)}$ 的解吸活化能为 0.54eV，高于 H$_2$O$_2$ $_{(ads)}$ 的解离活化能，但低于 H$_2$O$_2$ $_{(ads)}$ 的生成活化能 0.61eV。由于这两个过程的活化能都比较低，因此 H$_2$O$_2$ $_{(ads)}$ 的解吸和解离过程可能同时发生。因此，

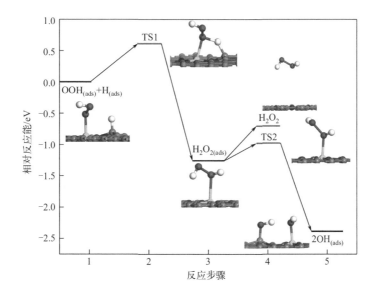

图6-6 在CoN$_{2+2}$-G表面OOH还原为H$_2$O$_2$以及H$_2$O$_2$解吸或解离成2OH的相对反应能和活化能以及优化的反应物和产物结构和相应的过渡态结构（TS）

（白色、红色、灰色、绿色和蓝色球体分别代表H、O、C、Co和N原子）

CoN_{2+2}-G 结构催化剂上二电子和四电子 ORR 路径都是可能的，但四电子途径比二电子途径更有利，因为 $H_2O_{2 (ads)}$ 的解离活化能比解吸活化能更低，更倾向于解离为两个 OH 基团。

6.2.5 氧还原反应机理

根据计算结果，在 CoN_{2+2}-G 上，四电子和二电子路径都是可行的。最有利的四电子路径为：$O_{2 (ads)} \longrightarrow OOH_{(ads)} \longrightarrow O_{(ads)} + H_2O_{(ads)} \longrightarrow OH_{(ads)} + H_2O_{(ads)} \longrightarrow 2H_2O$。最后一步（$OH_{(ads)} \longrightarrow H_2O_{(ads)}$）具有最高的活化能（0.42eV），是其动力学决速步骤。在二电子路径中最后一步 $H_2O_{2 (ads)}$ 的形成具有最高活化能为 0.61eV，比四电子路径的动力学决速步骤活化能略大，因此四电子路径优先发生。显然，CoN_{2+2}-G 具有较高的催化活性，但四电子选择性较差。

6.2.6 吉布斯自由能变化

计算得到的吉布斯自由能台阶图如图 6-7 所示。在零电势下，ORR 沿着四电子反应路径的吉布斯自由能随着反应步骤的进行逐渐降低，即整个过程是一个吉布斯自由能逐渐减小的自发过程。当电势达到 0.43V 时，最后一个还原反应［$OH_{(ads)} \longrightarrow H_2O$］的 ΔG 大于零，该步骤不能自发进行。因此这一步成为 CoN_{2+2}-G 结构催化剂上四电子 ORR 路径的热力学决速步骤。当电势达到 0.77V 时，$OOH_{(ads)} \longrightarrow O_{(ads)} + H_2O$ 的 ΔG 也成了大于零的值，不能自发进行。

总之，CoN_{2+2}-G 催化剂显示出非常高的 ORR 活性，且四电子路径和二电子路径都是可行的。四电子路径的动力学决速步骤为最后一步 $OH_{(ads)}$ 的还原，活化能为 0.42eV，二电子路径的动力学决速步骤为 $H_2O_{2 (ads)}$ 的生成，活化能为 0.61eV。比较来看四电子 ORR 路径活化能更低，更有利。吉布斯自由能的计算结果也表明四电子 ORR 路径的极限电位为 0.43V，当高于该电位时反应不能自发进行，最后一步 $OH_{(ads)}$ 的还原也是整条路径的热力学决速步骤。

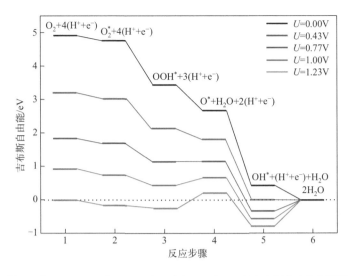

图6-7 在CoN$_{2+2}$-G 上O$_2$沿四电子路径还原为H$_2$O的吉布斯自由能台阶图
[星号（*）表示吸附在表面上]

6.3 CoN$_4$-G催化剂的ORR机理

6.3.1 中间体在表面上的吸附

　　与研究 CoN$_{2+2}$-G 催化剂一样，首先考虑了在 CoN$_4$-G 结构上所有可能的氧分子吸附位。优化后的结果显示 O$_2$ 分子只能吸附在 Co 位上，证明了 Co 位是 CoN$_4$-G 催化剂的催化活性中心。这一结果与 CoN$_{2+2}$-G 催化剂的情形一致。吸附在 Co 位上的 O$_2$ 分子有两种不同的吸附结构，一种是 O$_2$ 分子 end-on 倾斜吸附在表面上，在这种倾斜吸附中氧分子中的其中一个 O 原子正好落在 Co 原子的上方，O—Co 键长为 1.860Å，而另一个 O 原子在表面上的投影落在七元环内，O—O 键长由自由分子中的 1.227Å 拉长为 1.281Å，如图 6-8（a）所示，吸附能为 –0.42eV；另一种是 side-on 的平行吸附结构，即氧分子平行吸附在表面上 [图 6-8（b）]，且 O—O 键的中心在 Co 原子的正上方。两个氧原子到 Co 原子的距离几乎相等，分别为 1.919Å、1.924Å。氧分子的吸附能为 –0.10eV，明显比 end-on 结构的吸附作用力要弱。平行吸附使得氧分子的 O—O 键长拉得更长，达到 1.330Å。与 CoN$_{2+2}$-G 催化剂相比，O$_2$ 分子在 CoN$_4$-G 结构上的吸附较弱。

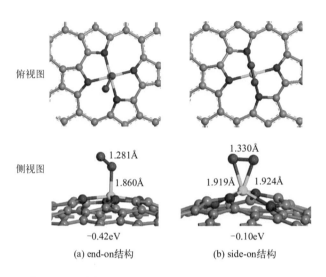

图6-8 O$_2$吸附在CoN$_4$-G上的最稳定结构的俯视图和侧视图
（红色、灰色、绿色和蓝色球体分别代表O、C、Co和N原子）

除了 O$_2$ 以外，ORR 过程中还有 OOH、O、OH、H$_2$O 和 H$_2$O$_2$ 五种中间产物。五种中间体在 CoN$_4$-G 表面上的优化吸附结构如图 6-9 所示。从图中可以看到，这五种中间体的吸附位点都是 Co 位。

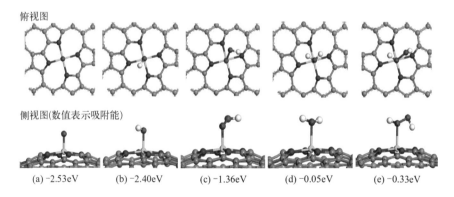

图6-9 在CoN$_4$-G结构上O、OH、OOH、H$_2$O和H$_2$O$_2$稳定吸附结构的俯视图和侧视图
（白色、红色、灰色、绿色和蓝色球体分别代表H、O、C、Co和N原子）

O、OH 和 OOH 都是非常活泼的自由基，因此可以稳定地吸附在催化剂表面，吸附能分别为 −2.53eV、−2.40eV 和 −1.36eV。

H_2O 分子的吸附是比较重要的。首先，作为产物的 H_2O 分子吸附不应太强，否则难以脱附将影响反应的进程。其次，在燃料电池中，反应是在水存在的情况下进行的，而 Co 位是 O_2 和 H_2O 分子的唯一活性位点，因此两个分子之间存在竞争吸附。计算结果表明在 CoN_4-G 上 H_2O 分子的吸附能非常弱，只有 −0.05eV，明显低于 O_2 的吸附能 −0.42eV。因此，在 CoN_4-G 上 H_2O 分子一旦生成很快就脱附离开催化剂表面，不会影响新一轮的 O_2 分子吸附。

H_2O_2 的稳定吸附是 ORR 过程中的另一个重要步骤，因为它将决定 ORR 是否可能沿着二电子反应路径进行。从图 6-9（e）可以看出，H_2O_2 可以被化学吸附在 CoN_4-G 表面上，但 H_2O_2 的吸附较弱，吸附能仅为 −0.33eV。因此，一旦在 ORR 过程中形成 H_2O_2，弱吸附使其容易在 CoN_4-G 上解吸。表明二电子 ORR 路径是有利的、可行的。

比较吸附能发现，所有中间产物在 CoN_4-G 表面上的吸附都比在 CoN_{2+2}-G 表面上的吸附要弱。为了解释这两种 CoN_x-G（x=2+2,4）催化剂表面对 ORR 中间产物不同的吸附能力，计算了两种催化剂的前线分子轨道（FMOs），结果示于图 6-10 中。从图 6-10 所示看，由于 Co 和 N 原子的

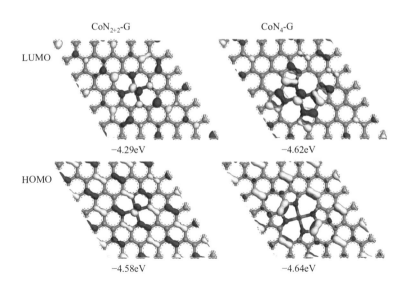

图6-10 CoN_{2+2}-G和CoN_4-G两种催化剂结构的HOMO和LUMO轨道示意及相应能量

掺杂使得两种 CoN$_x$-G（x=2+2、4）催化剂的 FMOs 都局域于 CoN$_x$ 中心，尤其是在 LUMO 轨道中。前线分子轨道的局域将导致 CoN$_x$ 中心可以有效地捕获吸附质。比较来看，CoN$_{2+2}$-G 具有比 CoN$_4$-G 结构较高的 HOMO 能量，意味着 CoN$_{2+2}$-G 结构更容易为吸附质提供电子。另外，在 CoN$_4$-G 结构的 HOMO 轨道中在 Co 位点的空间分布较少，这两个因素都导致了在 CoN$_4$-G 结构上中间产物的吸附作用较弱。

6.3.2 O$_2$的解离和OOH的形成

表 6-1 列出了 ORR 过程中每个基本步骤的反应能和活化能。在 CoN$_4$-G 上，O$_{2 \text{(ads)}}$ 解离是吸热的，反应能为 2.03eV。同时，O$_{2 \text{(ads)}}$ 解离反应有很高的活化能（2.44eV），这表明 O$_{2\text{(ads)}}$ 解离在这种催化剂上是不利的。

O$_{2\text{(ads)}}$ 被还原为 OOH$_{\text{(ads)}}$ 的反应是放热的，反应能为 −1.61eV。重要的是，该活化能很低。如图 6-11 所示，在 CoN$_4$-G 上，在初始状态下 O$_2$ 以 end-on 的形式吸附并且 H 原子吸附在一个 C 原子上，O 原子与 H 原子的距离为 3.011Å；在过渡态中 O—O 键长拉长到 1.317Å，O—H 距离缩短到 1.557Å；在生成的产物 OOH 中 O—O 键长拉长到 1.418Å，O—H 之间形成稳定的化学键。OOH 形成的活化能为 0.47eV，远低于 O$_{2\text{(ads)}}$ 离解的活化能 2.44eV。因此，在 CoN$_4$-G 结构上还原成 OOH 是吸附 O$_2$ 分子的首选路径。

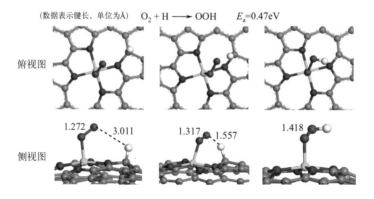

图6-11 O$_2$在CoN$_4$-G上还原为OOH的初始态、过渡态和终态原子结构的俯视图和侧视图（白色、红色、灰色、绿色和蓝色球体分别代表H、O、C、Co和N原子）

6.3.3 四电子反应路径

OOH$_{(ads)}$的直接解离在CoN$_4$-G上是个吸热反应，反应能为0.35eV。此外，OOH$_{(ads)}$可能在引入的H原子的帮助下断裂O—O键。由于OOH$_{(ads)}$的空间不对称性，生成的产物与引入的H原子的位置密切相关。如图6-12（a）所示，在初始结构中引入的H原子吸附在与OOH基团中OH同侧的一个C原子上，吸附高度为1.092Å，H原子与OH基团中O原子的距离为2.891Å，O—O键长为1.425Å；在过渡态中H原子远离了吸附的C原子，同时O—H距离缩短到1.982Å，OOH中的O—O键长拉长到1.652Å；

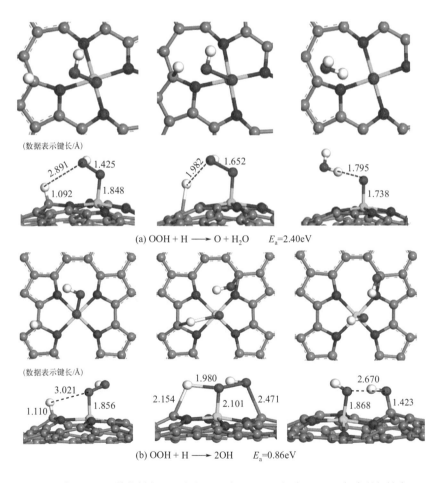

（数据表示键长/Å）

(a) OOH + H $\longrightarrow$ O + H$_2$O E_a=2.40eV

（数据表示键长/Å）

(b) OOH + H $\longrightarrow$ 2OH E_a=0.86eV

图6-12 在CoN$_4$-G催化剂上OOH加氢还原成O和H$_2$O（a）、2OH（b）的初始态、过渡态和终态原子结构的俯视图和侧视图

（白色、红色、灰色、绿色和蓝色球体分别代表H、O、C、Co和N原子）

在生成的产物中 O—O 键彻底断裂，距离为 1.795Å，而 H 原子结合 OH 形成了 H_2O 分子并且远离了表面，只剩下一个 O 原子依然吸附在 Co 位上，吸附高度为 1.738Å。该反应的活化能为 2.40eV，这个活化能是很高的，在燃料电池的工作条件下难以克服。可见在 CoN_4-G 上将 $OOH_{(ads)}$ 还原为 $O_{(ads)}$ 和 H_2O 是不利的。

另一种情况，当引入的 H 原子吸附在与 Co 相连的那个 O 原子附近，解离后的 $OOH_{(ads)}$ 会结合引入的 H 而形成两个 $OH_{(ads)}$ 基团。如图 6-12（b）所示，在初始结构中 H 原子吸附在一个 C 原子上，吸附高度为 1.110Å，H 原子与最近的 O 原子的距离为 3.021Å；在过渡态中 H 原子远离了吸附的 C 原子，距离为 2.154Å，同时 O—H 距离缩短到 1.980Å，OOH 中的 O—O 键长拉长到 2.101Å；在生成的产物中 O—O 键彻底断裂，距离为 2.670Å，断裂产生的 OH 基团吸附在一个与 N 原子相连的 C 原子上，吸附高度为 1.423Å；而 H 原子结合 O 形成的 OH 基团仍然吸附在 Co 位上，吸附高度为 1.868Å。该反应的活化能为 0.86eV，这个活化能明显低于前一个反应的活化能，在燃料电池的工作条件下是可以实现的。因此，在 CoN_4-G 上，只有 $OOH_{(ads)}$ 反应生成两个 $OH_{(ads)}$ 是有利的。

四电子路径的最后两步是 $O_{(ads)}$ 和 $OH_{(ads)}$ 的还原，反应方程式分别用 $O_{(ads)} + H^+ + e^- \longrightarrow OH_{(ads)}$ 和 $OH_{(ads)} + H^+ + e^- \longrightarrow H_2O_{(ads)}$ 表示。在 CoN_4-G 上这两个步骤都是放热的（表 6-1），在能量上是有利的。$O_{(ads)}$ 和 $OH_{(ads)}$ 还原的活化能分别为 0.54eV 和 0.84eV，表明这两个过程是可以发生的。

6.3.4 二电子反应路径

与解离还原不同，$OOH_{(ads)}$ 可以与 H 结合生成 H_2O_2，反应方程式为 $OOH_{(ads)} + H^+ + e^- \longrightarrow H_2O_{2(ads)}$，这是一条二电子 ORR 路径。在 CoN_4-G 上，形成 $H_2O_{2(ads)}$ 的活化能很大，为 1.07eV，在燃料电池工作条件下很难克服，这表明生成 $H_2O_{2(ads)}$ 的反应是不利的。此外，$H_2O_{2(ads)}$ 的解离活化能为 0.50eV（表 6-1），很容易克服。结合 $H_2O_{2(ads)}$ 形成的高活化能和 $H_2O_{2(ads)}$ 解离的低活化能，结果表明，在 CoN_4-G 上很难形成 H_2O_2，即使形成了 $H_2O_{2(ads)}$ 也很容易解离。因此，二电子 ORR 路径在 CoN_4-G 上是不可行的。

6.3.5 氧还原反应机理

　　根据计算结果，CoN_4-G 上只有四电子 ORR 路径是有利的。因为形成 $H_2O_{2(ads)}$ 的活化能较大（1.07eV），而 $H_2O_{2(ads)}$ 解离活化能较低（0.50eV），即 H_2O_2 很难形成，即使形成了，$H_2O_{2(ads)}$ 也很容易解离。因此二电子路径是不可行的，这一结果与实验的结果一致。最有利的四电子 ORR 路径为：$O_{2(ads)} \longrightarrow OOH_{(ads)} \longrightarrow 2OH_{(ads)} \longrightarrow OH_{(ads)} + H_2O_{(ads)} \longrightarrow 2H_2O$。第二步反应（$OOH_{(ads)} \longrightarrow 2OH_{(ads)}$）具有最高的活化能（0.86eV），成了 CoN_4-G 结构催化剂上的动力学决速步骤。

6.3.6 吉布斯自由能变化

　　图 6-13 展示了在不同电极电势下 CoN_4-G 结构催化剂上 ORR 过程的吉布斯自由能台阶图。在较低电位下，沿着四电子反应路径，吉布斯自由能随着反应步骤的进行逐渐降低。当电势达到 0.35V 时，最后一个还原步骤（$OH_{(ads)} \longrightarrow H_2O_{(ads)}$）的 ΔG 变为正值，因此该步骤是 CoN_4-G 催化剂上四电子路径的热力学决速步骤。

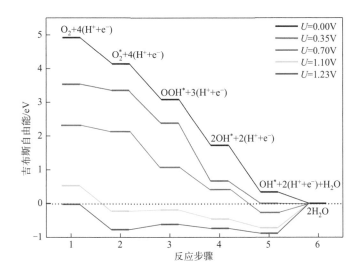

图6-13 在CoN_4-G 上O_2沿四电子路径还原为H_2O的吉布斯自由能台阶图

本节得到的动力学和热力学数据表明：在 CoN_4-G 结构催化剂上，只有四电子路径是有利的。动力学决速步骤的活化能为 0.86eV，极限电位为 0.35V。

6.4 ORR催化性能

本章研究了两种不同的 CoN_x-G（x=2+2、4）模型作为 ORR 催化剂，两种模型最本质的区别是其中 N 元素的类型不同，在 CoN_{2+2}-G 结构中掺杂的是吡啶型 N，而 CoN_4-G 结构中掺杂的是吡咯型 N。由于 N 元素类型的不同，两种结构催化剂的 ORR 催化性能也有所不同。

在 CoN_{2+2}-G 上，二电子和四电子路径都是可行的。最有利的四电子路径为：$O_{2\,(ads)} \longrightarrow OOH_{(ads)} \longrightarrow O_{(ads)} + H_2O_{(ads)} \longrightarrow OH_{(ads)} + H_2O_{(ads)} \longrightarrow 2H_2O$。最后一个还原步骤 [$OH_{(ads)} \longrightarrow H_2O_{(ads)}$] 具有最高的活化能（0.42eV），作为动力学速率决定步骤。同时最后一步也是热力学决速步骤。当电极电势达到 0.43V 时最后一步反应的 ΔG 成为一个大于零的正值。二电子路径中 $H_2O_{2\,(ads)}$ 的形成反应具有最大活化能 0.61eV，是整条路径的决速步骤。同时，H_2O_2 的吸附能较弱（−0.54eV），使其易于解吸，因此在 CoN_{2+2}-G 上二电子路径也是可能的 ORR 路径。由于四电子路径的动力学决速步骤活化能低于二电子路径的决速步骤活化能，因此，在 CoN_{2+2}-G 催化剂上 ORR 沿四电子路径优先发生。

在 CoN_4-G 上，只有四电子 ORR 途径是有利的，二电子途径是不可行的，因为 $H_2O_{2\,(ads)}$ 的形成活化能很高（1.07eV），并且 $H_2O_{2\,(ads)}$ 解离活化能低（0.50eV），即 $H_2O_{2\,(ads)}$ 很难生成，即使生成了，$H_2O_{2\,(ads)}$ 也很容易分解成两个 $OH_{(ads)}$。最有利的四电子路径为：$O_{2\,(ads)} \longrightarrow OOH_{(ads)} \longrightarrow 2OH_{(ads)} \longrightarrow OH_{(ads)} + H_2O_{(ads)} \longrightarrow 2H_2O$。第二步 [$OOH_{(ads)} \longrightarrow 2OH_{(ads)}$] 具有最高的活化能（0.86eV），是整条路径的动力学决速步骤。当电极电势高于 0.35V 时，最后一步 OH 还原生成 H_2O 反应的 ΔG 成为一个正值，是整条路径的热力学决速步骤。

可见，这两种模型都具有 ORR 活性，但两种模型的详细催化机理和催化性能不同。CoN_{2+2}-G 催化剂上四电子路径的动力学决速步骤活化能低于 CoN_4-G 催化剂上的决速步骤活化能，前者显示出更高的催化活性，意味着对 CoN_x-G 催化剂，相同 N 原子配位数的情况下吡啶型 N 比吡咯型 N 具有更高的 ORR 催化活性，这一结果与第 3 章中 FeN_x-G 催化剂得到的结果一致。不同的是在 CoN_4-G 催化剂上只有四电子路径是可行的，CoN_4-G 显示出比 CoN_{2+2}-G 更高的四电子选择性。

参考文献

[1] Zhang X, Mollamahale Y B, Lyu D, et al. Molecular-level design of Fe-N-C catalysts derived from Fe-dual pyridine coordination complexes for highly efficient oxygen reduction. Journal of Catalysis，2019, 372: 245-257.

[2] Liao L M, Zhao Y M, Xu C, et al. B, N-codoped Cu–N/B–C Composite as an Efficient Electrocatalyst for Oxygen Reduction Reaction in Alkaline Media. ChemistrySelect，2020, 5: 3647-3654.

[3] Zhu X, Amal R, Lu X. N,P Co-Coordinated Manganese Atoms in Mesoporous Carbon for Electrochemical Oxygen Reduction. Small，2019, 15: 1804524.

[4] Qian J, Guo X, Wang T, et al. Bifunctional porous Co-doped NiO nanoflowers electrocatalysts for rechargeable zinc-air batteries. Applied Catalysis B: Environmental, 2019, 250: 71-77.

[5] Zagal J H, Koper M T M. Reactivity Descriptors for the Activity of Molecular MN_4 Catalysts for the Oxygen Reduction Reaction. Angewandte Chemie International Edition, 2016, 55: 14510-14521.

[6] Zhao Y M, Zhang P C, Xu C, et al. Design and Preparation of $Fe-N_5$ Catalytic Sites in Single-Atom Catalysts for Enhancing the Oxygen Reduction Reaction in Fuel Cells. ACS Applied Materials & Interfaces, 2020, 12: 17334-17342.

[7] Yuan K, Sfaelou S, Qiu M, et al. Synergetic Contribution of Boron and $Fe–N_x$ Species in Porous Carbons toward Efficient Electrocatalysts for Oxygen Reduction Reaction. ACS energy letters, 2018, 3: 252-260.

[8] Lai Q, Zheng L, Liang Y, et al. Metal-Organic-Framework-Derived Fe-N/C Electrocatalyst with Five-Coordinated $Fe-N_x$ Sites for Advanced Oxygen Reduction in Acid Media. ACS Catalysis, 2017, 7: 1655-1663.

[9] Kabir S, Artyushkova K, Kiefer B, et al. Computational and experimental

evidence for a new TM-N$_3$/C moiety family in non-PGM electrocatalysts. Physical Chemistry Chemical Physics, 2015, 17: 17785-17789.

[10] Zhang J, Wang Z, Zhu Z. The inherent kinetic electrochemical reduction of oxygen into H$_2$O on FeN$_4$-carbon: A density functional theory study. Journal of Power Sources, 2014, 255: 65-69.

[11] Sun X, Li K, Yin C, et al. Dual-site oxygen reduction reaction mechanism on CoN$_4$ and CoN$_2$ embedded graphene: Theoretical insights. Carbon, 2016, 108: 541-550.

[12] Yin P, Yao T, Wu Y, et al. Single Cobalt Atoms with Precise N-Coordination as Superior Oxygen Reduction Reaction Catalysts. Angewandte Chemie International Edition, 2016, 55: 10800-10805.

[13] Kattel S, Atanassov P, Kiefer B. Catalytic activity of Co-N$_x$/C electrocatalysts for oxygen reduction reaction: a density functional theory study. Physical Chemistry Chemical Physics, 2013, 15: 148-153.

[14] Li F, Shu H, Hu C, et al. Atomic Mechanism of Electrocatalytically Active Co–N Complexes in Graphene Basal Plane for Oxygen Reduction Reaction. ACS Applied Materials & Interfaces, 2015, 7: 27405-27413.

[15] Zhang X, Lu Z, Yang Z. The mechanism of oxygen reduction reaction on CoN$_4$ embedded graphene: A combined kinetic and atomistic thermodynamic study. International Journal of Hydrogen Energy, 2016, 41: 21212-21220.

[16] Ziegelbauer J M, Olson T S, Pylypenko S, et al. Direct spectroscopic observation of the structural origin of peroxide generation from Co-based pyrolyzed porphyrins for ORR applications. Journal of Physical Chemistry C, 2008, 112: 8839-8849.

第 **7** 章 CoN$_2$-G结构催化剂性能研究

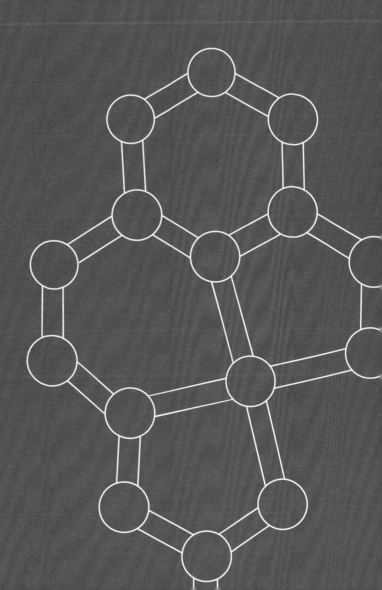

上一章中研究了两种结构的 CoN$_x$-G 催化剂，CoN$_{2+2}$-G 有较高的催化活性，但四电子选择性较差；CoN$_4$-G 有较高的四电子选择性，但催化活性不强。可见，这两种催化剂都不是最理想的 ORR 催化剂。Kattel 等[1]提出 CoN$_4$ 不能使 ORR 进行完全，需要第二个吸附位点继续还原 H$_2$O$_2$，如 CoN$_2$-C。Yin 等[2]的实验结果发现获得的 Co-N$_x$ 活性位点表现出比商用 Pt/C 催化剂更好的 ORR 催化性能和更正的半波电位。实验表明，在 800℃ 和 900℃ 时主要的 CoN$_x$ 反应位点可以分别假设为平面 CoN$_4$ 和 CoN$_2$。CoN$_2$ 具有最好的 ORR 活性，促进了 ORR 的四电子还原过程。在本章中，以三种不同的 CoN$_2$ 结构作为 ORR 活性位点，使用 DFT 计算方法考查了三种模型上的 ORR 性能，研究了所有 ORR 中间体的吸附能以及所有基元反应的活化能和吉布斯自由能变，得到了能垒最低的 ORR 路径以及热力学和动力学决速步骤。

7.1 计算参数及模型

CoN$_2$-G 使用的模型是在（5×5）的周期性石墨烯晶胞中杂入 CoN$_2$ 结构，垂直于催化剂表面方向的真空层厚度设置为 15Å，以确保相邻两层之间的相互作用力可以忽略不计。Co 原子与两个吡啶型 N 配位，根据两个 N 原子的位置不同，分别记作 CoN$_2$-G（A）、CoN$_2$-G（B）、CoN$_2$-G（C）。优化后的三种结构如图 7-1 所示。由于 CoN$_2$-G 模型相当于是将上一章中 CoN$_{2+2}$-G 结构中的任意两个 N 原子换成 C 原子，为方便比较也将 CoN$_{2+2}$-G 结构一并示于图 7-1（d）中。从侧视图中可以看到与 CoN$_{2+2}$-G 结构一样，三种 CoN$_2$-G 模型中所有的原子都处于同一平面内，在 Co 原子中心形成了含 Co 原子的两个五元环和两个六元环。在 CoN$_2$-G（A）模型中，两个 N 原子位于同一个五元环中，形成的两个 Co—C 和 Co—N 键键长分别为 1.887Å 和 1.920Å。在 CoN$_2$-G（B）模型中，两个 N 原子位于同一个六元环中，形成的两个 Co—C 键键长几乎相等，约为 1.880Å，形成的两个 Co—N 键键长也几乎相等，约为 1.910Å。在 CoN$_2$-G（C）模型中，两个 N 原子位于 Co 原子的两侧，形成的两个 Co—C 键键长和两个 Co—N

键键长也几乎相等，分别约为 1.850Å 和 1.950Å。在 CoN$_{2+2}$-G 模型中四个 Co—N 键的键长完全相等，为 1.890Å。相比之下，Co—C 键键长比 Co—N 键键长略短。由于 CoN$_2$-G 中与 Co 相配位的是两个 N 原子和两个 C 原子，使得该结构中 Co—N 键键长比 CoN$_{2+2}$-G 模型中四个 Co—N 键的键长要长。

三种 CoN$_2$-G 构型的形成能分别为 $-0.74eV$、$-1.25eV$、$-0.85eV$，表明三种结构都比较容易形成，形成这些结构是放热的热力学有利过程。其中 CoN$_2$-G（B）结构的形成能最负，是最容易形成的构型。但与 CoN$_{2+2}$-G 结构相比，后者具有更负的形成能（$-3.41eV$），意味着 CoN$_{2+2}$-G 比 CoN$_2$-G 更容易形成。这与实验上得到的结果一致，即在低温下，CoN$_4$ 是主要的反应位点。从过渡金属的结合能来看，三种 CoN$_2$-G 结构的结合能分别为 $-8.46eV$、$-7.35eV$ 和 $-8.07eV$。结合能越负表示金属 Co 与其配位的原子之间越强的相互作用力。比较结合能发现三者相差不大，其中 CoN$_2$-G（A）结构具有最负的结合能，CoN$_2$-G（A）是三种结构中最稳定的结构。CoN$_2$-G（B）结构具有与 CoN$_{2+2}$-G 结构相等的结合能 $-7.35eV$。可见在 CoN$_2$-G 中，Co 与表面的相互作用非常强，一旦结构形成，则强大的相互作用力使其非常稳定。

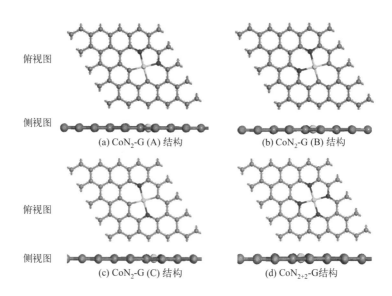

(a) CoN$_2$-G (A) 结构   (b) CoN$_2$-G (B) 结构

(c) CoN$_2$-G (C) 结构   (d) CoN$_{2+2}$-G 结构

图7-1 优化得到的三种CoN$_2$-G催化剂结构及CoN$_{2+2}$-G结构的俯视图和侧视图
（灰色、绿色和蓝色的球分别代表碳、钴和氮原子）

7.2 中间体的吸附

7.2.1 O₂的吸附

为了研究 CoN₂-G 催化剂的 ORR 活性，首先考察了 O₂ 在 CoN₂-G 结构上的吸附。在三种CoN₂-G 结构上，O₂ 都可以以 end-on 结构（倾斜吸附）或者 side-on 结构（平行吸附）两种方式吸附。

如图 7-2 所示，O₂ 吸附后，使得 Co 原子凸出石墨烯平面，同时 Co—N 键和 Co—C 键被拉伸。Mulliken 电荷布居分析表明，超过 0.25 个电子从表面转移到吸附的 O₂ 分子上。因此，吸附的 O₂ 分子被激活，O—O 键被不同程度地拉伸。

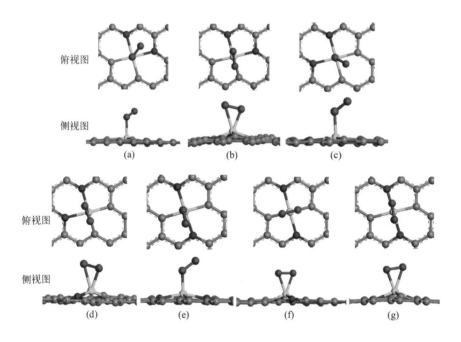

图7-2 优化得到的O₂在三种CoN₂-G催化剂结构上稳定吸附的俯视图和侧视图

（a）和（b）为CoN₂-G（A）结构上的吸附；（c）和（d）为CoN₂-G（B）结构上的吸附；（e）、（f）和（g）表示CoN₂-G（C）结构上的吸附

（红色、灰色、绿色和蓝色的球分别代表O、C、Co和N原子）

表 7-1 列出了三种 CoN_2-G 表面上的 O_2 吸附能和相关参数。显然，在三种 CoN_2-G 上 side-on 吸附结构的 O—O 键长大于 end-on 吸附结构的 O—O 键长。在 CoN_2-G（C）上，以 end-on 结构吸附的 O_2 吸附能（绝对值）高于 side-on 结构吸附的 O_2 的吸附能；而在 CoN_2-G（A）和 CoN_2-G（B）上，以 side-on 结构和 end-on 结构吸附的 O_2 具有几乎相等的吸附能。这一结果与 O_2 在 MN_4（M=Co，Fe）[3-7] 结构催化剂上的吸附情况不同，在 MN_4 结构上 O_2 的两种吸附方式具有不同的吸附能。为了进行比较，表 7-1 中也列出了 O_2 在三种 FeN_2-G 上的情况。O_2 在 CoN_2-G 模型上的吸附能整体弱于在 FeN_2-G 结构上的吸附能。这一结论与 Koper 等 [8] 的结论基本一致。文献数据表明，O_2 在钴大环化合物上的吸附能一般在 −0.70 ～ −0.30eV 之间，比在铁大环化合物上的吸附能要弱，一般为 −1.0 ～ −0.60eV。O_2 在催化剂上的吸附能应在适当的范围内，既不能太小也不能太大 [9,10]。太强的氧分子和催化剂之间的吸附会潜在地提高活化能，阻碍了氧气还原反应的进程。本书第 4 章中对 FeN_2-G 的研究也表明，中间产物在 FeN_2-G 催化剂上的强吸附可能导致在 ORR 过程中长期占据催化剂的活性中心，从而使其失去催化活性。Chen 等 [9] 建议，铂基催化剂具有较高的 ORR 活性，可作为评估其他 ORR 催化剂的参考。O_2 在 Pt（1 1 1）[11] 和 Pt（1 0 0）[12] 上的吸附能分别为 −0.69eV 和 −1.10eV，与 O_2 在三种 CoN_2-G 结构上的吸附能相当，表明 CoN_2-G 结构可能成为 ORR 的活性位点。

表7-1 O_2 在不同的 CoN_2-G 和 FeN_2-G 结构上的吸附能（E_{ads}/eV）、吸附键长（O—M，$d_{O—M}$/Å）以及 O—O 键长（$d_{O—O}$/Å）

吸附体系		(A)			(B)			(C)		
		E_{ads}/eV	$d_{O—M}$/Å	$d_{O—O}$/Å	E_{ads}/eV	$d_{O—M}$/Å	$d_{O—O}$/Å	E_{ads}/eV	$d_{O—M}$/Å	$d_{O—O}$/Å
CoN_2-G	O_2（side-on）	−0.92	1.84, 2.11	1.31	−0.73	1.84, 2.10	1.31	−0.37	1.84, 1.99	1.33
	O_2（end-on）	−0.97	1.87	1.28	−0.79	1.85	1.28	−0.83	1.76	1.28
FeN_2-G	O_2（side-on）	−1.78	1.82, 2.06	1.34	−1.48	1.85, 1.92	1.36	−1.55	1.84	1.42
	O_2（end-on）	−1.78	1.69	1.28	−1.36	1.69	1.28	−1.39	1.70	1.28

7.2.2 H₂O₂的吸附

H₂O₂ 的吸附是 ORR 过程中的另一个重要步骤，它将决定氧还原反应的路径。H₂O₂ 中 O—O 键的断裂意味着完整的四电子 ORR 路径。H₂O₂ 可以稳定地化学吸附在三种 CoN₂-G 表面上。这一结果与 FeN₂-G 表面上的情况有所不同，H₂O₂ 不能稳定地化学吸附于 FeN₂-G 表面上，经过结构优化后会分解成两个 OH 基团或 O 原子和 H₂O。在 CoN₂-G 上，H₂O₂ 都化学吸附在 Co 位上（如图 7-3 所示），并且在 CoN₂-G（A）上的吸附比在 CoN₂-G（B）和 CoN₂-G（C）上强得多。在 CoN₂-G（A）上，H₂O₂ 的吸附能为 –0.63eV，O—O 的键长为 1.490Å，比自由 H₂O₂ 的键长（1.472Å）略长。较强的吸附表明 H₂O₂ 不容易解吸，更有利于 H₂O₂ 的解离。相反，在 CoN₂-G（B）上 H₂O₂ 的吸附最弱，吸附能为 –0.39eV，O—O 键长最短，为 1.483Å。弱吸附和强键表明 H₂O₂ 易于解吸，这表明在 CoN₂-G（B）上 ORR 很有可能沿二电子路径进行。

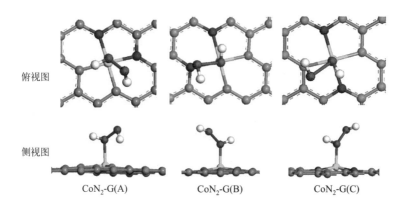

俯视图

侧视图

CoN₂-G(A)　　　　CoN₂-G(B)　　　　CoN₂-G(C)

图7-3 H₂O₂ 稳定吸附在三种CoN₂-G催化剂上的俯视图和侧视图
（白色、红色、灰色、绿色和蓝色的球分别代表H、O、C、Co和N原子）

三种 CoN₂-G 表面上 H₂O₂ 和其他中间产物的吸附性能参数列于表 7-2 中，其他中间产物的吸附结构如图 7-4 所示。从表中数据可以发现在三种 CoN₂-G 表面上 O₂ 的吸附能和其他中间体的吸附能之间存在相关性。氧分子的吸附能越大，吸附越强，其他中间体在表面的吸附也越强。O₂ 在 CoN₂-G（A）催化剂上的吸附最强，相应的其他中间体在 CoN₂-G（A）催化剂上的吸附也是三个体系中最强的。

O_(ads)

俯视图

侧视图

OH_(ads)

俯视图

侧视图

OOH_(ads)

俯视图

侧视图

H$_2$O_(ads)

俯视图

侧视图

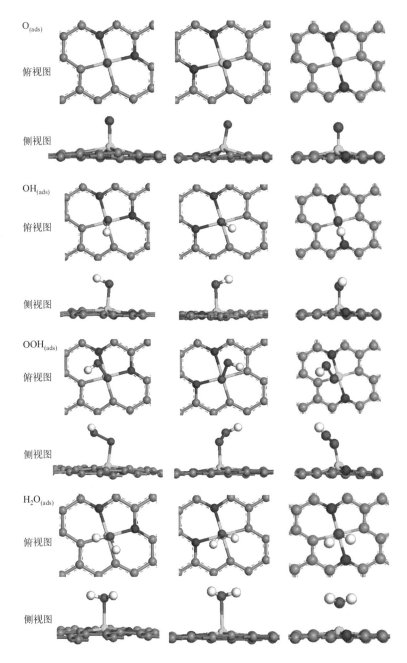

图7-4 其他中间体稳定吸附在三种CoN$_2$-G催化剂上的俯视图和侧视图
（白色、红色、灰色、绿色和蓝色的球分别代表H、O、C、Co和N原子）

第7章　CoN$_2$-G结构催化剂性能研究　　**159**

表7-2 相关中间体在不同的CoN_2-G结构催化剂上的吸附能（E_{ads}/eV），吸附键长（O—Co，d_{O-Co}/Å）以及O—X键长（d_{O-X}/Å）

吸附质	CoN_2-G（A）			CoN_2-G（B）			CoN_2-G（C）		
	E_{ads}/eV	d_{O-Co}/Å	d_{O-X}/Å	E_{ads}/eV	d_{O-Co}/Å	d_{O-X}/Å	E_{ads}/eV	d_{O-Co}/Å	d_{O-X}/Å
O	−3.91	1.66	—	−3.64	1.67	—	−3.67	1.67	—
OH	−2.79	1.83	0.97	−2.55	1.84	0.97	−2.64	1.81	0.98
OOH	−1.73	1.83	1.45	−1.46	1.84	1.44	−1.58	1.80	1.45
H_2O	−0.63	2.01	0.98	−0.39	2.21	0.97	−0.33	2.02	0.98
H_2O_2	−0.63	1.96	1.49	−0.39	2.18	1.48	−0.45	2.03	1.52

7.3 ORR反应

7.3.1 $O_{2(ads)}$ 的解离及OOH的形成

在 ORR 的条件下，CoN_2-G 催化剂表面上吸附的 O_2 有两种可能的反应路径：解离生成两个 $O_{(ads)}$ 原子和加氢生成 OOH。首先考察吸附的 O_2 的解离，可以用方程式 $O_{2(ads)} \longrightarrow 2O_{(ads)}$ 表示。在三种 CoN_2-G 结构中，O_2 以 side-on 方式的吸附具有较长的 O—O 键键长，且具有较弱的吸附能，使得氧分子更容易发生解离，因此只考察了三种 CoN_2-G 结构上 side-on 方式吸附的氧分子的解离反应。结果表明 $O_{2(ads)}$ 的解离是一个强烈的吸热反应，并且具有很高的活化能。三种结构中 CoN_2-G（B）表面上 $O_{2(ads)}$ 解离反应吸热最少，为 0.68eV，同时活化能最低，为 1.88eV。显然，如此高的活化能在燃料电池工作条件下（温度大约 80℃）是很难克服的，因此在 CoN_2-G 催化剂表面氧分子的还原反应不可能以氧分子的解离路径进行。表 7-3 列出了三种 CoN_2-G 催化剂上 ORR 中各基元反应步骤的反应能（ΔE，反应物和产物之间总能量的变化）和活化能（E_a，反应物和过渡态之间的总能量的变化）。

表7-3 在三种CoN$_2$-G结构催化剂上各基元反应的反应能（ΔE/eV）和活化能（E_a/eV）

反应步骤	CoN$_2$-G（A）		CoN$_2$-G（B）		CoN$_2$-G（C）	
	ΔE/eV	E_a/eV	ΔE/eV	E_a/eV	ΔE/eV	E_a/eV
O$_{2\,(ads)}$ ⟶ 2O$_{(ads)}$	1.64	2.73	0.68	1.88	1.84	2.06
O$_{2\,(ads)}$ +H$_{(ads)}$ ⟶ OOH$_{(ads)}$	−0.76	0.32	−0.86	0.33	−0.42	0.53
OOH$_{(ads)}$ ⟶ O$_{(ads)}$ +OH$_{(ads)}$	0.47	1.75	0.31	1.31	0.35	1.35
OOH$_{(ads)}$ +H$_{(ads)}$ ⟶ O$_{(ads)}$ +H$_2$O	−2.40	0.18	−2.88	0.45	−2.25	0.29
OOH$_{(ads)}$ +H$_{(ads)}$ ⟶ H$_2$O$_{2\,(ads)}$	−1.20	0.25	−1.34	0.47	−0.02	0.51
H$_2$O$_{2\,(ads)}$ ⟶ 2OH$_{(ads)}$	−0.63	0.10	−1.08	0.12	−1.01	0.15
O$_{(ads)}$ +H$_{(ads)}$ ⟶ OH$_{(ads)}$	−2.32	0.22	−2.61	0.17	−2.65	0.29
OH$_{(ads)}$ +H$_{(ads)}$ ⟶ H$_2$O$_{(ads)}$	−0.54	0.10	−1.77	0.28	−0.56	0.03

其次，考察了 O$_{2\,(ads)}$ 的直接加氢作用。O$_{2\,(ads)}$ 结合 H$^+$ 和 e$^-$ 生成 OOH，反应用方程式 O$_{2\,(ads)}$ +H$^+$+e$^-$ ⟶ OOH$_{(ads)}$ 表示。与 O$_{2\,(ads)}$ 的解离相比，在三种 CoN$_2$-G 上 O$_2$ 很容易氢化为 OOH。该反应都是反应能为负值的放热反应。更重要的是，这一步的活化能都很低。在 CoN$_2$-G（A）和 CoN$_2$-G（B）催化剂上的活化能几乎一样，分别为 0.32eV 和 0.33eV，这与以往理论研究中得到的结果（0.37eV）很接近。在 CoN$_2$-G（C）上的活化能是三种催化剂中最大的，为 0.53eV，同时也是反应放热最少的，反应放出 0.42eV 的热量。该反应在 CoN$_2$-G（C）上的初始结构、过渡态及终态结构见图 7-5。由初始结构可以看出 H 原子吸附在 Co—C 键的桥位且靠近 C 原子的位置，H—C 距离为 1.128Å，H—Co 距离为 1.719Å。由于 H 原子的吸附，该 C 原子略凸出于表面。也由于 H 原子吸附在 Co—C 的桥位，而使得平行吸附在 Co 正上方的 O$_2$ 分子偏离了原先的位置。由终态结构可以看出生成的 OOH 稳定吸附在Co 位上，O—O 键长为 1.448Å，比气相 O$_2$ 的 O—O 键长拉长了 18%，由于 OOH 的吸附，Co 原子明显凸出于石墨烯的表面，Co—O 距离为 1.80Å。OOH 的吸附能为 −1.58eV，表明 OOH$_{(ads)}$ 与表面之间有很强的相互作用力。可见，无论从热力学还是动力学的角度，O$_{2\,(ads)}$ 和 H$_{(ads)}$ 结合生成 OOH 是三种 CoN$_2$-G 催化剂上 O$_2$ 还原的有利途径。

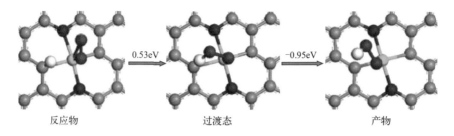

反应物   过渡态   产物

图7-5 在CoN_2-G（C）上优化得到的O_2分子还原为 OOH 的反应物、产物和过渡态结构图以及相对能量

（白色、红色、灰色、绿色和蓝色的球分别代表H、O、C、Co和N原子）

7.3.2 OOH（ads）的还原

　　OOH（ads）中 O—O 键的断裂是决定四电子途径和二电子途径中哪条 ORR 途径有利的关键因素。先讨论 OOH（ads）中 O—OH 键的直接断裂。该反应可以表示为 OOH（ads）$\longrightarrow$ O（ads）+OH（ads）。从表 7-3 中可以看出，OOH（ads）的直接离解在三种 CoN_2-G 催化剂上的情况是相同的，都是吸热反应且活化能很高，其中，在 CoN_2-G（A）体系上的活化能最高，达到 1.75eV。CoN_2-G(B) 和 CoN_2-G(C) 具有几乎相等的活化能。以 CoN_2-G(C) 体系为例，该反应的反应物结构、过渡态和产物结构及相对能量关系见图 7-6（a）。在 CoN_2-G（C）体系上 OOH（ads）的解离是一个吸热量为 0.35eV 的反应，活化能为 1.35eV。如此高的活化能在燃料电池的工作条件下难以克服，表明 OOH（ads）的直接解离在能量上是不利的。

　　相比之下，在体系中引入一个 H 原子，在 H 原子的帮助下 O—OH 键的断裂就非常容易进行。当把引入体系中的 H 原子放在与 Co 原子较远的那个 O 原子附近时，H 辅助 OOH（ads）解离生成一个 O 原子和一个 H_2O 分子，反应式表示为 OOH（ads）+H^++$e^-$$\longrightarrow$ O（ads）+H_2O（ads）。仍以 CoN_2-G(C) 体系为例，该反应的反应物结构、过渡态和产物结构及相对能量关系见图 7-6（b）。从图中可以看出，在反应物结构中引入的 H 原子吸附在与 OOH 中 OH 基团同一侧的 N 原子上，产物结构中 O 原子仍然吸附在 Co 原子上方，吸附高度为 1.675Å，而生成的 H_2O 分子却远离了表面。H_2O 分子远离表面是由于 H_2O 分子的稳定吸附位也是 Co 位，当 O 原子优先占

据 Co 位时（O 的吸附能较大为 –3.67eV），H_2O 分子只能远离表面（H_2O 的吸附能较小为 –0.33eV）。该反应的反应能和活化能分别是 –2.25eV 和 0.29eV。在另外两种结构上的情形与 CoN$_2$-G（C）上基本一致，都是放热反应，其活化能较低。在三种催化剂中 CoN$_2$-G（B）上的活化能值最高，为 0.45eV。因此，OOH$_{(ads)}$ 还原为 O$_{(ads)}$ 和 H_2O 的反应是动力学有利的反应。

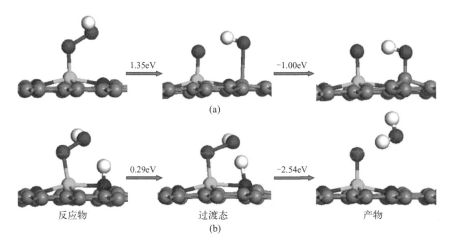

图7-6 在CoN$_2$-G（C）上OOH直接解离（a）和加H解离（b）的反应物、产物和过渡态结构以及相对能量

（白色、红色、灰色、绿色和蓝色的球分别代表H、O、C、Co和N原子）

7.3.3 H$_2$O$_{2\,(ads)}$ 的生成

当 OOH 吸附在 CoN$_2$-G 催化剂表面后，再将一个 H 原子引入到体系中，且把该 H 原子放在与 Co 原子直接相连的那个 O 原子附近进行优化，得到产物 H_2O_2。优化后 O—OH 键没有断裂，表明 H_2O_2 能够以产物的形式出现。H_2O_2 的生成反应可以表示为 OOH $_{(ads)}$ +H$^+$+e$^-$ $\longrightarrow$ H_2O_2 $_{(ads)}$。

在 CoN$_2$-G（A）上生成 H_2O_2 $_{(ads)}$ 的反应能为 –1.20eV，表明生成 H_2O_2 $_{(ads)}$ 是一个放热过程，即在热力学上是有利的。同时，该反应的活化能很低，为 0.25eV，这表明反应可以以非常高的速率进行。与 OOH $_{(ads)}$ 还原成 O $_{(ads)}$ 和 H_2O 相比，OOH $_{(ads)}$ 还原生成 H_2O_2 $_{(ads)}$ 的活化能几乎相等，两个反应的活化能仅相差 0.07eV，表明无论是还原成 H_2O_2 $_{(ads)}$ 还是

生成 $O_{(ads)}$ 和 H_2O 在能量上都是有利的。因此，二电子 ORR 产物 $H_2O_{2(ads)}$ 是可以生成的。生成的 $H_2O_{2~(ads)}$ 可以有两个选择，解吸成为自由的 H_2O_2 或者解离为两个 OH 基团。究竟如何选择取决于解离和解吸的活化能哪个更低。在 CoN_2-G（A）催化剂上 $H_2O_{2~(ads)}$ 分子的生成、解离和解吸这三个过程的结构和相对能量如图 7-7 所示。在该图中，以 H 和 OOH 共吸附在 CoN_2-G（A）表面的总能量为基准设为零。基于此，得到了 OOH 还原为 H_2O_2，然后 H_2O_2 解吸或解离为 2OH 的反应能和活化能的相对关系。从图中可以看出，$H_2O_{2~(ads)}$ 的生成反应是一个放热反应，活化能不高，为 0.25eV，$H_2O_{2~(ads)}$ 解离反应也是一个放热反应，活化能更低只有 0.10eV，表明吸附的 $H_2O_{2~(ads)}$ 非常容易解离。同时，$H_2O_{2~(ads)}$ 在 CoN_2-G（A）上的解吸活化能为 0.63eV，这一活化能不算很高但相对于 $H_2O_{2(ads)}$ 分子的解离活化能 0.10eV，解吸活化能相对较高，这就意味着 $H_2O_{2~(ads)}$ 从表面上解吸的概率小于其解离的概率。结合 $H_2O_{2~(ads)}$ 解离的低活化能和 $H_2O_{2~(ads)}$ 吸附的稳定性，结果表明形成的 $H_2O_{2~(ads)}$ 更倾向于解离成 $2OH_{(ads)}$，但不排除 $H_2O_{2~(ads)}$ 从表面解吸，脱附成为自由的分子。因此，在 CoN_2-G（A）催化剂上的 ORR 有可以沿二电子路径进行。这种情况与 CoN_{2+2}-G 催化剂相同。

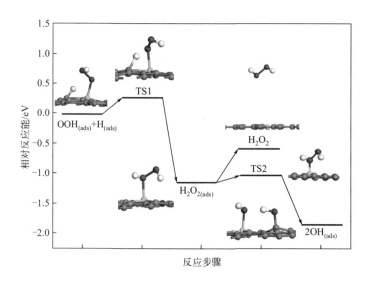

图7-7 在CoN_2-G（A）催化剂表面$OOH_{(ads)}$加氢生成H_2O_2以及H_2O_2的解吸和解离生成 2OH的反应物、产物和相应的过渡态结构图及相对反应能
（白色、红色、灰色、绿色和蓝色的球分别代表H、O、C、Co和N原子）

CoN$_2$-G（B）上，生成 H$_2$O$_{2 (ads)}$ 的活化能较低，仅为 0.47eV，与 OOH$_{(ads)}$ 还原为 O$_{(ads)}$ 和 H$_2$O 的活化能（0.45eV）接近。这两个活化能之间的差距仅为 0.02eV，说明无论是还原成 H$_2$O$_{2 (ads)}$ 还是生成 O$_{(ads)}$ 和 H$_2$O 的反应都是可行的。因此，可以生成二电子 ORR 产物 H$_2$O$_{2 (ads)}$。同时，H$_2$O$_{2 (ads)}$ 解离是放热反应，活化能很低，为 0.12eV，表明吸附的 H$_2$O$_{2 (ads)}$ 很容易发生解离。与 CoN$_2$-G（A）不同，H$_2$O$_{2 (ads)}$ 在 CoN$_2$-G（B）上的吸附能较弱（–0.39eV），因此 H$_2$O$_{2 (ads)}$ 也很容易从表面上解吸。虽然 H$_2$O$_{2 (ads)}$ 解离的活化能 0.12eV 低于 H$_2$O$_{2 (ads)}$ 解吸的活化能 0.39eV，但由于两者的活化能都很低且比较接近，解离反应没有绝对的优势使得解吸过程不能发生，因此在 CoN$_2$-G（B）催化剂上这两个过程可以同时发生。即在 CoN$_2$-G（B）上 ORR 的二电子和四电子路径都是可行的。

在 CoN$_2$-G（C）上生成 H$_2$O$_{2 (ads)}$ 的活化能为 0.51eV，相对低的活化能说明 H$_2$O$_2$ 分子容易生成。然而生成的 H$_2$O$_2$ 不稳定很容易引起 O—O 键断裂生成两个 OH 基团，结果显示解离反应的反应能和活化能分别为 –1.01eV 和 0.15eV，表明 H$_2$O$_2$ 解离反应是一个放热且解离活化能很低的反应。H$_2$O$_{2 (ads)}$ 在 CoN$_2$-G（C）上的吸附能为 –0.45eV，因此 H$_2$O$_{2 (ads)}$ 也很容易从表面上解吸。总体情况与 CoN$_2$-G（B）催化剂上的情形相同，因此在 CoN$_2$-G(C)催化剂上 H$_2$O$_{2(ads)}$ 的解离和解吸两个过程可以同时发生。即在 CoN$_2$-G（C）上 ORR 的二电子和四电子路径都是可行的。H$_2$O$_{2 (ads)}$ 的生成和解离反应的反应物、过渡态物结构及相对能量关系见图 7-8。

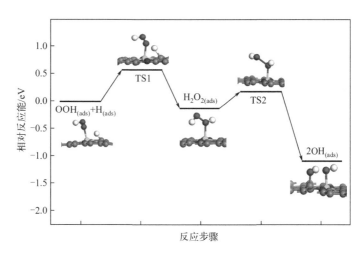

图7-8 在CoN$_2$-G（C）催化剂表面OOH$_{(ads)}$加氢生成H$_2$O$_2$以及H$_2$O$_2$解离生成2OH的反应物、产物和相应的过渡态（TS）结构图及相对反应能
（白色、红色、灰色、绿色和蓝色的球分别代表H、O、C、Co和N原子）

7.3.4 O (ads) 和OH (ads) 的还原

对于四电子路径，最后两步是单独吸附的 O (ads) 原子还原为 OH (ads)，形成的 OH (ads) 继续还原为最终产物 H$_2$O (ads)。在 CoN$_2$-G（A）催化剂上，将一个 H 原子引入到体系中，并把它放到离 O (ads) 较近的地方。优化后 H 原子吸附在与 Co 相连的一个 C 原子上。产物结构中 O 原子和 H 原子结合生成的 OH (ads) 仍吸附在 Co 原子上，吸附能为 -2.79eV。当再引入一个 H 原子到体系中，OH (ads) 继续被还原，生成了第二个 H$_2$O 分子。这两个反应都是放热反应，反应能分别为 -2.32eV 和 -0.54eV，活化能分别为 0.22eV 和 0.10eV。两个反应的活化能都非常低，说明这两个反应在热力学上都是有利的且都能以较快的反应速率进行。生成的 H$_2$O 吸附在 Co 原子上，并且使 Co 原子略凸出于表面，吸附能为 -0.63eV。但吸附的 H$_2$O 在表面不会停留太久，因为 O$_2$ 与 H$_2$O 竞争最稳定吸附位 Co 位。由于 O$_2$ 的吸附能大于 H$_2$O 的吸附能，所以最终 O$_2$ 吸附在 Co 原子上，而 H$_2$O 则扩散到体相中，这样新的一轮 ORR 又开始了。

在 CoN$_2$-G（B）催化剂上，单个 O 原子垂直吸附在 Co 位上，吸附高度为 1.666Å，吸附能为 -3.64eV。O (ads) 原子的还原反应是一个放热反应，放热量为 2.61eV，活化能为 0.17eV，这一活化能比 OOH (ads) 的直接解离活化能（1.31eV）和加氢解离活化能（0.45eV）都低很多。从图 7-9（a）可以看到 O 和 H 原子分别吸附在 Co 和 C 原子上，O 和 H 原子之间的距离为 3.109Å。生成的 OH 基团在 CoN$_2$-G（B）表面最稳定的吸附位也是 Co 位 [图 7-9（c）]，吸附高度为 1.841Å，吸附能为 -2.55eV。对照反应物 [图 7-9（a）] 和产物 [图 7-9（c）] 的结构，O—H 的距离由 3.109Å 变为 0.973Å，而过渡态结构 [图 7-9（b）] 中 O—H 的距离为 1.839Å，介于两者之间，表明 H 原子脱附并与 O 原子结合生成了 OH。

OH (ads) 的还原反应用方程式表示为 OH (ads) +H$^+$+e$^-$ $\longrightarrow$ H$_2$O (ads)。从图 7-9（d）可以看到 OH 和 H 原子分别吸附在 Co 和 C 原子上，O 和 H 原子之间的距离为 2.622Å。由于 OH 和 H 原子的吸附使 Co 和 C 原子都不同程度地凸出于表面。还原产物 H$_2$O 在表面最稳定的吸附位也是 Co 位 [图 7-9（f）]，吸附能为 -0.39eV，吸附高度为 2.211Å。对照反应物 [图 7-9（d）] 和产物 [图 7-9（f）] 的结构，O—H 的距离由 2.622Å 变为 0.976Å，而过渡态结构［图 7-9（e）］中 O—H 的距离为 1.553Å，介于两者之间，表明 H 原子脱附并与 O 原子结合生成了 OH。该反应也是一个放热反应，放热量为 1.77eV，活化能只有 0.28eV。在 CoN_2-G（B）催化剂上，$O_{(ads)}$ 和 $OH_{(ads)}$ 的还原活化能都很低，说明这两个反应都能以较快的速度进行，不会成为影响总反应的决速步骤。

(箭头上的数据表示前后两个结构的能量差)

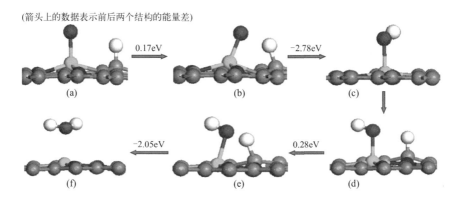

图7-9 在CoN_2-G（B）催化剂表面$O_{(ads)}$及$OH_{(ads)}$还原反应优化得到的反应物、产物和过渡态结构以及相对反应能和活化能

（白色、红色、灰色、绿色和蓝色的球分别代表H、O、C、Co和N原子）

在 CoN_2-G（C）催化剂上，$O_{(ads)}$ 的还原反应的反应物、过渡态及产物结构见图 7-10（a）。O 和 H 原子分别吸附在 Co 原子和靠近 N 原子的 C 原子上，O 和 H 原子之间的距离为 3.025Å。生成的 OH 仍然稳定吸附在 Co 原子的正上方，吸附高度为 1.81Å，吸附能为 -2.64eV。由于 OH 基团的吸附使得 Co 和 N 原子都不同程度地凸出于表面。比较反应物和产物的结构，O 和 H 原子的距离由 3.025Å 变为 0.977Å，而过渡态的结构中 O 和 H 原子之间的距离为 1.705Å，它介于两者之间，说明 H 原子已经转移至 O 原子上。该反应放热 2.65eV，活化能很低只有 0.29eV，表明反应会以很快的速度进行。

$OH_{(ads)}$ 的还原反应可以表示为 $OH_{(ads)} + H^+ + e^- \longrightarrow H_2O_{(ads)}$，该反应的反应物、过渡态及产物结构见图 7-10（b）。反应的反应能和活化能分别为 -0.56eV 和 0.03eV，说明反应放热且会以很快的速度进行。生成的 H_2O 分子没有像第一个生成的 H_2O 分子那样远离表面，而是以 -0.33eV 的吸附能吸附在 Co 原子上，并且使 Co 原子略凸出于表面。吸附的 H_2O 分子不会在表面停留太久。由于 O_2 的吸附能大于 H_2O 分子的吸附能，所以最终 O_2 吸附在 Co 原子上，而 H_2O 则扩散到体相中，这样新的一轮 ORR 又开始了。可见，在 CoN_2-G（A）、CoN_2-G（B）和 CoN_2-G（C）三种结构催化剂上 $O_{(ads)}$ 还原为 $OH_{(ads)}$、$OH_{(ads)}$ 继续还原为 $H_2O_{(ads)}$ 这两个反应都是强烈放热的（表 7-3），同时活化能都很低，它们能够以很快的速率进行。不会成为制约整个反应的动力学决速步骤。

(箭头上的数据表示前后两个结构的能量差)

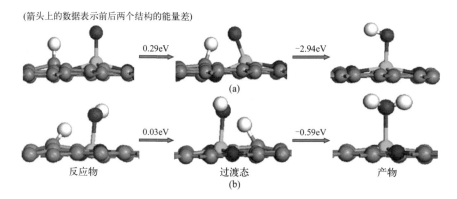

图7-10 在 CoN_2-G（C）催化剂表面 $O_{(ads)}$ 及 $OH_{(ads)}$ 还原反应优化得到的反应物、产物和过渡态结构以及相对反应能和活化能

（白色、红色、灰色、绿色和蓝色的球分别代表H、O、C、Co和N原子）

根据计算结果，在 CoN_2-G（A）模型上，有两种可能的四电子 ORR 路径。首先，吸附的 O_2 被还原为 $OOH_{(ads)}$，然后通过 O—O 键的一步断裂将 $OOH_{(ads)}$ 还原为 $O_{(ads)}$+H_2O，然后将 $O_{(ads)}$ 还原为 $OH_{(ads)}$，最后将 $OH_{(ads)}$ 还原为第二个 $H_2O_{(ads)}$。或者，生成的 $OOH_{(ads)}$ 首先被还原成 $H_2O_2{(ads)}$，然后 $H_2O_2{(ads)}$ 断裂 O—O 键并分解成两个 $OH_{(ads)}$。为了区分这两种不同的四电子路径，将前者命名为直接四电子路径，后者命名为 H_2O_2 介导的四电子路径。无论 ORR 沿着哪条路径发生，$O_2{(ads)}$ 还原为 $OOH_{(ads)}$ 这一基元步骤都具有最高活化能，为 0.32eV，成为整个 ORR 过程的动力学决速步骤（RDS）。而二电子反应路径中由于 $H_2O_2{(ads)}$ 的脱附活化能相对较高，为 0.63eV，比四电子路径的决速步骤活化能高出大约 1 倍，因此二电子反应路径发生的概率较低，但不能排除二电子路径的可能性。

在 CoN_2-G（B）上，二电子和四电子 ORR 路径都是可行的。在二电子路径中，反应过程有两个主要步骤。首先是化学吸附的 O_2 还原为 $OOH_{(ads)}$，然后发生加氢还原反应生成 H_2O_2 (ads)。决速步骤是最后一步 OOH (ads) 还原为 H_2O_2 (ads) 的反应,该反应的活化能为 0.47eV。与 CoN_2-G(A)类似,在 CoN_2-G(B)上也有两种不同的四电子 ORR 路径是可行的。在直接四电子路径中,OOH (ads) 还原为 O (ads) +H_2O 的反应是决速步骤,其活化能为 0.45eV。Sun 等 [3] 报道的结果中 O (ads) 还原为 OH (ads) 的反应为决速步骤,活化能为 0.58eV。这种差异主要是由于孤立 O (ads) 原子的吸附位置不同造成的。文献 [3] 中 O (ads) 原子首先以 0.48eV 的活化能从 Co 位扩散到 Co—C 键的桥位,然后以 0.58eV 的活化能将 O (ads) 还原为 OH (ads),形成的 OH (ads) 仍然吸附在 Co 位上,O 原子与 Co 之间形成化学键。实际上,将 Co 位吸附的 O 还原为 Co 位吸附的 OH,活化能仅为 0.17eV,吸附的 O (ads) 原子不会从 Co 位扩散到桥位,而是直接还原为 OH。在 H_2O_2 介导的路径中,决速步骤为生成 H_2O_2 (ads) 的反应,活化能为 0.47eV。

在 CoN_2-G(C)上的情况与 CoN_2-G(B)上基本一致,二电子和两种不同的四电子 ORR 路径都是可行的。不同之处在于,在 CoN_2-G(C)上无论走哪条路径,ORR 的动力学决速步骤都是 O_2 还原成 OOH 的反应,活化能为 0.53eV。

7.4 电位对ORR的影响

为了探索 ORR 过程中的热力学决速步骤,计算了在酸性介质中不同电极电势下三种 CoN_2-G 催化剂上的 ORR 过程的吉布斯自由能变。

如图 7-11 的吉布斯自由能台阶图显示,在 CoN_2-G(A)上 ORR 沿 H_2O_2 介导的四电子路径在较低电位下随着反应的逐渐进行体系的吉布斯自由能是逐步下降的,即其中的每一步骤的吉布斯自由能改变值(ΔG)都是小于零的,是一个热力学自发过程。但是当电极电势 $U > 0.20V$ 时,OOH (ads) 还原为 H_2O_2 (ads) 这一基元反应的 ΔG 是大于零的,表明该步骤不能自发进行,成为 H_2O_2 介导四电子路径的热力学决速步骤。而 ORR 沿直接四电子路径进行的自由能图则完全不同,如图 7-12 所示。在较低电势下,ORR 中所有反应步骤的自由能都是随着反应的逐渐进行逐步下降的。

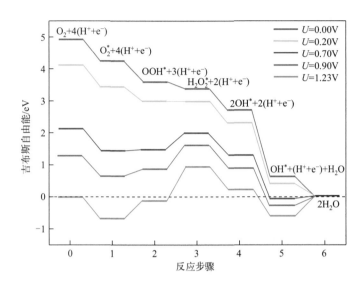

图7-11 在CoN$_2$-G（A）上O$_2$沿H$_2$O$_2$介导的四电子路径还原为H$_2$O的吉布斯自由能台阶图

[星号（*）表示吸附在表面上]

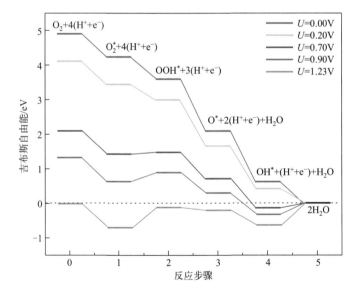

图7-12 在CoN$_2$-G（A）上O$_2$沿直接四电子路径还原为H$_2$O的吉布斯自由能台阶图

当电势 $U > 0.64V$ 时，O_2 还原为 OOH 这一基元反应的 ΔG 是大于零的，表明该步骤不能自发进行。这表明在低于 0.64V 的电位下，沿直接四电子途径的 ORR 是自发过程，其热力学决速步骤是第一步 $O_{2(ads)}$ 还原为 $OOH_{(ads)}$ 的反应。通过对这两种不同的四电子路径的热力学决速步骤的 ΔG 比较，发现在 CoN_2-G（A）上直接四电子路径可以在更高的电极电势下进行。

在 CoN_2-G（B）催化剂上分别计算了以 H_2O_2 和 H_2O 作为最终稳定产物的 ORR 吉布斯自由能台阶图。生成 H_2O_2 路径的自由能图（图 7-13）显示，在低电位下二电子 ORR 路径的 ΔG 都小于零。当电极电势 $U > 0.16V$ 时，$OOH_{(ads)}$ 还原为 H_2O_2 的 ΔG 大于零。H_2O_2 介导的四电子路径也存在同样的情况（图 7-14），其中当电势 $U > 0.30V$ 时，$OOH_{(ads)}$ 还原为 $H_2O_{2(ads)}$ 的过程的 ΔG 大于零。因此，H_2O_2 的形成是二电子路径和 H_2O_2 介导的四电子路径的热力学决速步骤。对于 ORR 的直接四电子路径（图 7-15），ORR 的自由能变在低电位下都是小于零的。直到电极电位 $U > 0.53V$ 时，$O_{2(ads)}$ 还原为 $OOH_{(ads)}$ 过程的 ΔG 大于零。通过对不同 ORR 途径的热力学决速步骤进行比较，发现 CoN_2-G（B）催化剂上，二电子路径只可以在很低的电位（0.16V）下自发进行；H_2O_2 介导的四电子路径最高可以在 0.30V 的电位下自发进行；工作电位范围最宽的是直接四电子路径，可以在 0.53V 的电位下自发进行。

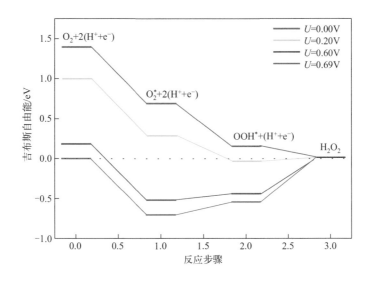

图7-13 在CoN$_2$-G（B）上O$_2$沿二电子路径还原为H$_2$O$_2$的吉布斯自由能台阶图

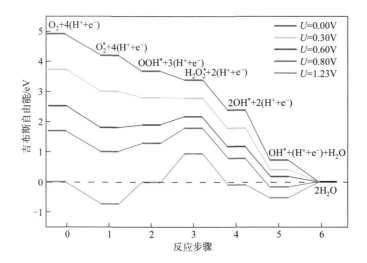

图7-14 在CoN$_2$-G（B）上O$_2$沿H$_2$O$_2$介导的四电子路径还原为H$_2$O的吉布斯自由能台阶图

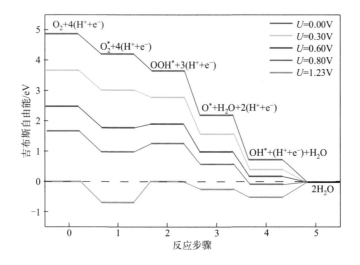

图7-15 在CoN$_2$-G（B）上O$_2$沿直接四电子路径还原为H$_2$O的吉布斯自由能台阶图

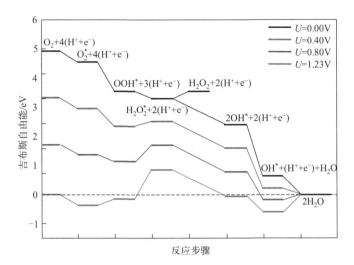

图7-16 在CoN₂-G（C）上O₂沿H₂O₂介导的四电子路径还原为H₂O的吉布斯自由能台阶图

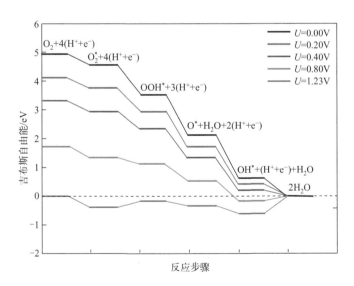

图7-17 在CoN₂-G（C）上O₂沿直接四电子路径还原为H₂O的吉布斯自由能台阶图

在 CoN$_2$-G（C）催化剂上分别计算了两种四电子路径的 ORR 吉布斯自由能台阶图。H$_2$O$_2$ 介导的四电子路径的自由能台阶图显示（图 7-16），在低电势下，ORR 路径中的每一步反应的吉布斯自由能变都是小于零的自发过程。当 $U > 0.23$V 时，OOH$_{(ads)}$ 还原为 H$_2$O$_{2(ads)}$ 反应的 ΔG 大于零。对于直接四电子路径也得到了同样的结果，如图 7-17 所示，在低电势下，ORR 过程中所有反应步骤的 ΔG 都是小于零的。当电极电势 $U > 0.62$V时，将 OH$_{(ads)}$ 还原为 H$_2$O 的 ΔG 也成为大于零的值；当电极电势 $U >$ 1.01V 时，O$_{2(ads)}$ 还原为 OOH$_{(ads)}$ 的自由能变也大于零。自由能台阶图表明，在 CoN$_2$-G（C）催化剂上，在较低电位下 ORR 的两种四电子路径都是有利的。H$_2$O$_2$ 介导的四电子路径最高可以在 0.23V 的电位下自发进行；而直接四电子路径可以在更高的工作电位 0.53V 的电位下自发进行。因此直接四电子路径是 CoN$_2$-G（C）上最有利的 ORR 路径，热力学速率决定步骤是最后一步 OH$_{(ads)}$ 还原为 H$_2$O。

7.5 CoN$_2$-G的ORR催化性能比较

在 CoN$_2$-G(A)上，ORR 主要有两种不同的四电子反应路径是可行的。一种是 H$_2$O$_2$ 介导的途径，特点是在 ORR 过程中有 H$_2$O$_{2(ads)}$ 生成，但H$_2$O$_{2(ads)}$ 不会脱附而是断裂其中的 O—O 键分解成两个 OH$_{(ads)}$。另一种是直接四电子路径，特点是 OOH 加 H 还原直接断裂 O—O 键。自由能台阶图显示，在低电极电位下，沿着这两条四电子路径的吉布斯自由能随基元反应步骤的进行是逐渐下降的。H$_2$O$_2$ 介导的路径中热力学决速步骤是OOH$_{(ads)}$ 还原为 H$_2$O$_{2(ads)}$ 的反应，该反应在零电势下的 ΔG 值为 –0.20eV。而直接四电子路径的热力学决速步骤是第一步 O$_{2(ads)}$ 还原为 OOH$_{(ads)}$，该步骤在零电势下的 ΔG 值为 –0.64eV。这两种路径的动力学决速步骤是相同的，都为第一步 O$_{2(ads)}$ 的还原反应，该反应的活化能为 0.32eV。很明显，由于动力学决速步骤的活化能很低，因此热力学决速步骤是决定整个 ORR 的关键。可以得出结论，在 CoN$_2$-G（A）上，在低于 0.20V 的电极电位下，H_2O_2 介导的 ORR 路径和直接四电子路径都是有利的。但当电极电位在 0.20 ～ 0.64V 之间时，只有直接四电子路径是有利的。

在 CoN_2-G（B）上，二电子路径和两个不同的四电子路径都是可行的。自由能台阶图显示，在低电极电位下，沿着这三种 ORR 路径的自由能随基元反应的进行逐渐下降。二电子路径和 H_2O_2 介导路径的热力学和动力学决速步骤都是 $OOH_{(ads)}$ 还原为 $H_2O_{2\,(ads)}$ 的反应。而直接四电子路径的热力学速率决定步骤是 $O_{2(ads)}$ 还原为 $OOH_{(ads)}$，该反应的 ΔG 值为 –0.53eV。动力学决速步骤是 $OOH_{(ads)}$ 加氢生成 $O_{(ads)}$ +H_2O，活化能为 0.45eV。结合得到的热力学和动力学数据，在 CoN_2-G（B）上，低电极电位下无论 ORR 的二电子路径还是四电子路径都是可行的。但当电极电位的值超过 0.16V 时，则只有两个四电子路径是可行的，当电极电位的值超过 0.30V 时仅直接四电子路径是有利的。

在 CoN_2-G（C）上，二电子路径和两种四电子路径都是可行的。最有利的 ORR 途径是直接四电子路径。第一步 $O_{2\,(ads)}$ 还原为 $OOH_{(ads)}$ 的反应具有最高的活化能（0.53eV），是整条路径的动力学决速步骤。自由能台阶图显示，在低电极电位下，吉布斯自由能随反应的进行逐渐下降。当电位高于 0.62V 时，最后一步 $OH_{(ads)}$ 还原成 $H_2O_{(ads)}$ 的 ΔG 变为大于零，这一步成为四电子 ORR 路径的热力学决速步骤。

可见，三种 CoN_2-G 催化剂都显示出了较高的 ORR 催化活性。在 CoN_2-G（A）上，由于生成的 H_2O_2 具有相对较强的吸附能（–0.63eV），且解离活化能较低（0.1eV），因此二电子路径发生的概率较低。对两种不同的四电子路径，当电极电位 $U > 0.20$V 时，H_2O_2 介导的四电子途径是不利的，然而，在电极电势小于 0.64V 的情况下直接四电子路径都是有利的。$O_{2\,(ads)}$ 还原为 $OOH_{(ads)}$ 是热力学决速步骤，同时该反应也是动力学决速步骤，具有最大活化能，为 0.32eV。在 CoN_2-G（B）和 CoN_2-G（C）上，二电子路径和四电子路径都是有利的。在 CoN_2-G（B）和 CoN_2-G（C）上，直接四电子路径可以在相对较高的电极电势下自发进行，分别为 0.53V 和 0.62V。而二电子和 H_2O_2 介导的四电子途径只有在低电极电势下是可行的。在 CoN_2-G（B）催化剂上，直接四电子路径的动力学速率决定步骤是 $OOH_{(ads)}$ 加氢解离为 $O_{(ads)}$ +H_2O，活化能为 0.45eV。在

CoN$_2$-G（C）催化剂上，O$_{2\,(ads)}$ $\longrightarrow$ OOH$_{(ads)}$ 反应具有最高的活化能 0.53eV，是直接四电子路径的动力学速率决定步骤。相比之下，CoN$_2$-G（A）催化剂由于具有最低的决速步骤活化能及最高的工作电极电势而具有最好的 ORR 催化活性；同时由于二电子路径在 CoN$_2$-G（A）上发生的概率较低，因此 CoN$_2$-G（A）催化剂表现出比另外两种催化剂优异的四电子选择性。可见，在 CoN$_2$-G 结构中，虽然有相同的过渡金属、相同的 N 原子数目及类型，但由于 N 原子的位置不同将导致催化剂的 ORR 催化性能不同。

7.6 MN$_x$-G的ORR催化性能比较

为了比较各种不同 MN$_x$-G(M=Fe 和 Co) 结构催化剂的 ORR 催化性能，本小节把前面章节中的研究结果汇总于表 7-4 中。从表中数据来看，本书研究的所有 MN$_x$-G 结构都具有催化活性。

比较各催化剂上 ORR 四电子路径的决速步骤发现，决速步骤主要集中在第一步 O$_2$ 的还原和最后一步 OH 的还原上，只有 CoN$_4$-G 和 CoN$_2$-G（C）这两个结构上决速步骤为 OOH 的加氢还原。从决速步骤活化能来看，当结构中只有过渡金属不同时，如 CoN$_{2+2}$-G 和 FeN$_{2+2}$-G、CoN$_4$-G 和 FeN$_4$-G、CoN$_2$-G（A）和 FeN$_2$-G（A）等，含过渡金属 Co 的催化剂具有比含 Fe 的催化剂较低的活性活化能，因此前者表现出更高的催化活性；当结构中只有 N 原子的配位数不同时，如 CoN$_{2+2}$-G 和 CoN$_2$-G、FeN$_{2+2}$-G 和 FeN$_2$-G 等，三种 N 原子数为 2 的结构中至少有一种结构的决速步骤活化能低于 N 原子数为 2+2 的结构中的决速步骤活化能，表现出更高的催化活性，而其余两种 N 原子数为 2 的结构的催化活性与 N 原子数为 2+2 结构的催化活性相当，差距不大；当结构中只有 N 原子的类型不同时，如 CoN$_{2+2}$-G 和 CoN$_4$-G、FeN$_{2+2}$-G 和 FeN$_4$-G、吡啶型 N 表现出比吡咯型 N 更高的催化活性。

表7-4 MNₓ-G结构催化剂的催化活性比较（E_a表示活化能）

体系	四电子路径		二电子路径	
	动力学决速步骤	E_a/eV	反应步骤	E_a/eV
CoN$_{2+2}$-G	OH$_{(ads)}$ +H$_{(ads)}$ ⟶ H$_2$O$_{(ads)}$	0.42	OOH$_{(ads)}$ +H$_{(ads)}$ → 2OH$_{(ads)}$ → H$_2$O$_2$$_{(ads)}$; H$_2O_2$$_{(ads)}$ → H$_2$O$_2$	0.61 / 0.28 / 0.54
FeN$_{2+2}$-G	O$_{2\,(ads)}$ +H$_{(ads)}$ ⟶ OOH$_{(ads)}$	0.62	OOH$_{(ads)}$ +H$_{(ads)}$ → 2OH$_{(ads)}$ → H$_2$O$_2$$_{(ads)}$; H$_2O_2$$_{(ads)}$ → H$_2$O$_2$	1.13 / 0.03 / 0.64
CoN$_4$-G	OOH$_{(ads)}$ +H$_{(ads)}$ ⟶ 2OH$_{(ads)}$	0.86	OOH$_{(ads)}$ +H$_{(ads)}$ → 2OH$_{(ads)}$ → H$_2$O$_2$$_{(ads)}$; H$_2O_2$$_{(ads)}$ → H$_2$O$_2$	1.07 / 0.50 / 0.33
FeN$_4$-G	OH$_{(ads)}$ +H$_{(ads)}$ ⟶ H$_2$O$_{(ads)}$	1.02	OOH$_{(ads)}$ +H$_{(ads)}$ → 2OH$_{(ads)}$ → H$_2$O$_2$$_{(ads)}$; H$_2O_2$$_{(ads)}$ → H$_2$O$_2$	0.91 / 0.57 / 0.55
CoN$_2$-G（A）	O$_{2\,(ads)}$ +H$_{(ads)}$ ⟶ OOH$_{(ads)}$	0.32	OOH$_{(ads)}$ +H$_{(ads)}$ → 2OH$_{(ads)}$ → H$_2$O$_2$$_{(ads)}$; H$_2O_2$$_{(ads)}$ → H$_2$O$_2$	0.25 / 0.10 / 0.63
CoN$_2$-G（B）	OOH$_{(ads)}$ +H$_{(ads)}$ ⟶ O$_{(ads)}$ +H$_2$O	0.45	OOH$_{(ads)}$ +H$_{(ads)}$ → 2OH$_{(ads)}$ → H$_2$O$_2$$_{(ads)}$; H$_2O_2$$_{(ads)}$ → H$_2$O$_2$	0.47 / 0.12 / 0.45
CoN$_2$-G（C）	O$_{2\,(ads)}$ +H$_{(ads)}$ ⟶ OOH$_{(ads)}$	0.53	OOH$_{(ads)}$ +H$_{(ads)}$ → 2OH$_{(ads)}$ → H$_2$O$_2$$_{(ads)}$; H$_2O_2$$_{(ads)}$ → H$_2$O$_2$	0.51 / 0.15 / 0.39
FeN$_2$-G（A）	OH$_{(ads)}$ +H$_{(ads)}$ ⟶ H$_2$O$_{(ads)}$	0.60	H$_2$O$_2$不能稳定吸附	
FeN$_2$-G（B）	OH$_{(ads)}$ +H$_{(ads)}$ ⟶ H$_2$O$_{(ads)}$	0.56	H$_2$O$_2$不能稳定吸附	
FeN$_2$-G（C）	O$_{2\,(ads)}$ +H$_{(ads)}$ ⟶ OOH$_{(ads)}$	0.67	H$_2$O$_2$不能稳定吸附	
FeN$_3$-G	O$_{2\,(ads)}$ +H$_{(ads)}$ ⟶ OOH$_{(ads)}$	0.96	H$_2$O$_2$不能稳定吸附	

各催化剂上 ORR 二电子反应路径的情况大致可以分为三类。第一类是二电子路径的最终产物 H_2O_2 在催化剂表面无法稳定存在，如三种 FeN_2-G 结构和 FeN_3-G 结构，这四种结构表现出非常强的四电子选择性。第二类是 H_2O_2 可以在催化剂表面稳定吸附，但生成 H_2O_2 的反应具有较高的活化能，同时 H_2O_2 的解离活化能较低，两种因素综合的结果是体系中以自由 H_2O_2 分子出现的概率很低，二电子反应路径几乎行不通，如 FeN_{2+2}-G、FeN_4-G、CoN_4-G 等。第三类情况是 H_2O_2 可以在催化剂表面稳定吸附，且生成 H_2O_2 反应的活化能以及 H_2O_2 的脱附活化能都较低，与四电子反应路径的决速步骤活化能相差不大，如 CoN_{2+2}-G、CoN_2-G（B）、CoN_2-G（C）结构，这将意味着二电子路径与四电子路径可以同时竞争发生。

综合催化剂的 ORR 活性和四电子选择性最终得到的结果是，Co 掺杂的催化剂具有比 Fe 掺杂的催化剂较高的催化活性，但前者的四电子选择性较差。

参考文献

[1] Kattel S, Atanassov P, Kiefer B. Catalytic activity of Co-N$_x$/C electrocatalysts for oxygen reduction reaction: a density functional theory study. Physical Chemistry Chemical Physics, 2013, 15: 148-153.

[2] Yin P, Yao T, Wu Y, et al. Single Cobalt Atoms with Precise N-Coordination as Superior Oxygen Reduction Reaction Catalysts. Angewandte Chemie International Edition, 2016, 55: 10800-10805.

[3] Sun X, Li K, Yin C, et al. Dual-site oxygen reduction reaction mechanism on CoN$_4$ and CoN$_2$ embedded graphene: Theoretical insights. Carbon, 2016, 108: 541-550.

[4] Zhang J, Wang Z, Zhu Z, et al. A Density Functional Theory Study on Mechanism of Electrochemical Oxygen Reduction on FeN$_4$-Graphene. Journal of The Electrochemical Society, 2015(162): F796-F801.

[5] Szakacs C E, Lefevre M, Kramm U I, et al. A density functional theory study of catalytic sites for oxygen reduction in Fe/N/C catalysts used in H$_2$/O$_2$ fuel cells. Physical Chemistry Chemical Physics, 2014, 16 (27): 13654-13661.

[6] Kattel S, Atanassov P, Kiefer B. A density functional theory study of oxygen reduction reaction on non-PGM Fe-N$_x$-C electrocatalysts. Physical Chemistry

Chemical Physics, 2014, 16 (27): 13800-13806.

[7]   Kattel S, Atanassov P, Kiefer B. Catalytic activity of Co-N$_x$/C electrocatalysts for oxygen reduction reaction: a density functional theory study. Physical Chemistry Chemical Physics, 2013, 15 (1): 148-153.

[8]   Zagal J H, Koper M T M. Reactivity Descriptors for the Activity of Molecular MN$_4$ Catalysts for the Oxygen Reduction Reaction. Angewandte Chemie International Edition, 2016, 55 (47): 14510-14521.

[9]   Chen X, Li F, Zhang N, et al. Mechanism of oxygen reduction reaction catalyzed by Fe(Co)-N$_x$/C. Physical Chemistry Chemical Physics, 2013, 15 (44): 19330-19336.

[10]   Kaukonen M, Kujala R, Kauppinen E. On the Origin of Oxygen Reduction Reaction at Nitrogen-Doped Carbon Nanotubes: A Computational Study. Phys J. Chem, C 2012, 116 (1): 632-636.

[11]   Duan Z, Wang G. A first principles study of oxygen reduction reaction on a Pt (111) surface modified by a subsurface transition metal M (M= Ni, Co, or Fe). Physical Chemistry Chemical Physics, 2011, 13 (45): 20178-20187.

[12]   Duan Z, Wang G. Comparison of reaction energetics for oxygen reduction reactions on Pt (100), Pt (111), Pt/Ni (100), and Pt/Ni (111) surfaces: a first-principles study. The Journal of Physical Chemistry C, 2013, 117 (12): 6284-6292.

第**8**章 氮杂石墨烯催化剂性能研究

前面章节研究了含过渡金属的氮杂碳材料的氧还原催化性能，结果表明其中的过渡金属起了很关键的作用，它们是催化活性中心。但近几年来，有研究[1-14]发现即使没有过渡金属存在，只是氮杂碳材料如氮杂碳纳米管、氮杂石墨烯、氮杂石墨等本身也具有很好的电催化性质，这些材料也可能成为 Pt 基催化剂的替代材料。对这类材料的研究还不多，因此很多基础性问题还有待解决。首先，很多研究者怀疑掺杂的 N 元素是否真正起到了改善 ORR 性能的作用。因为在一般的氮杂碳材料的合成过程中都会使用金属催化剂[6]，如果金属催化剂没有被洗净而有所残留，那将会对 ORR 起到促进作用。也就意味着分不清最终的 ORR 活性是由残留的金属元素还是掺杂的氮元素所导致的。Zhang 等[15]的研究结果显示氮杂石墨烯只有很低的 ORR 催化活性。其次，掺杂的 N 原子的类型会对 ORR 催化性能有很大影响。文献中有报道类石墨型 N[5,7]、吡啶型 N[16,17]、吡咯型 N[18]具有活化氧的能力。也有结果认为吡啶型 N 不但没有 ORR 催化活性[10]，甚至还会抑制 ORR 活性[3,10]。这个问题实验上很难给出答案。目前的实验手段还很难辨别区分边界处的 N 和吡啶型的 N[19]。最后，关于 ORR 路径，有研究表明在氮杂碳材料上，ORR 是通过四电子路径进行的[1,20]，另一些研究[21-25]则认为主要是沿二电子路径反应，最终的主产物是 H_2O_2。

可见，在氮杂碳材料催化 ORR 的问题上人们还没有得到一致的结论。基于此，本章采用 DFT 的理论方法研究了类石墨型氮杂石墨烯催化剂上所有可能的反应路径，包括四电子和二电子路径，主要目的是研究反应机理，尤其是 ORR 在氮杂石墨烯表面的动力学行为，对催化活性位，各基元反应的反应能、活化能进行了研究，通过比较活化能找到一条能量最低的反应通道以及整个反应的决速步骤。

8.1 计算模型及参数

本章使用的模型是（6×6）的石墨烯超胞，总共包含 72 个碳原子，其中一个碳原子被 N 原子所取代（如图 8-1 所示），这就形成了一个含类石墨型 N 的氮杂石墨烯表面。对该表面采用周期性边界条件，真空层的厚度为 15Å，以避免层与层之间的相互作用力。优化后的结构显示，石墨烯中的 C—C 键长为 1.42Å，N 杂化后形成的 C—N 键长为 1.41Å。N 原子的掺入并没有引起石墨烯表面结构的明显变化，N 原子与 C 原子仍然处在同一平面内。由于 N 原子的电负性比 C 原子大，因此 N 原子的掺入使得电荷离域化。从 Mulliken 布居分析的结果来看，N 原子和与它相连的 C 原子分别带负电荷和正电荷。N 原子带电为 –0.458e$^-$，而正电荷主要分布在与 N 相连的 3 个 C 原子上，每个 C 原子带电为 0.178e$^-$。

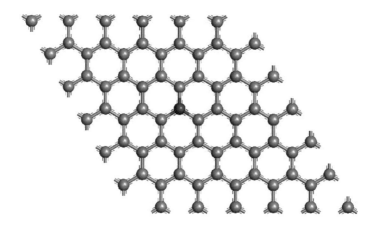

图8-1 优化得到的氮杂石墨烯结构
（灰色和蓝色的球分别代表C和N原子）

8.2 ORR催化机理

8.2.1 O$_2$在氮杂石墨烯上的吸附

优化前氧分子被放置在所有可能的吸附位上，如 N 原子、C 原子的顶位，C—C 或 C—N 键的桥位，以及六元环的中心位置。优化后的结果显示，O$_2$ 在氮杂石墨烯表面的吸附很弱，吸附能只有 –0.20eV，O$_2$ 到表面的距离为 3.20Å，O—O 键长由自由分子中的 1.227Å 拉长为 1.238Å，变化很小，很明显氧分子在氮杂石墨烯上的吸附是物理吸附[26,27]。这与 O_2 在 Pt 基催化剂[28-34]上的吸附情况不同。O_2 化学吸附在 Pt（111）表面上，吸附能为 $-0.96eV$[29]。

8.2.2 O_2的解离和OOH的生成

O_2 有两个可能的反应路径，发生解离或者结合 H 形成 OOH。首先研究了 O_2 的解离。从计算结果来看，$O_{2（ads）}$ 的解离反应是一个吸热反应，反应热为 1.20eV。由于 O_2 是物理吸附在氮杂石墨烯表面，因此 $O_{2（ads）}$ 的解离反应很难实现，计算没有搜索到该反应的过渡态结构。另一种情况，$O_{2（ads）}$ 分子捕获一个 H 原子而形成 $OOH_{（ads）}$。如图 8-2 所示，当 O_2 吸附在表面上后，再引入一个 H 原子到体系当中。H 原子吸附在一个与 N 原子相连的 C 原子上，吸附高度为 1.116Å，H 原子与最近的 O 原子的距离为 3.038Å，而氧分子依然是物理吸附在表面上。而在过渡态结构中，O—O、O—H 和 H—C 之间的距离较反应物中都发生了较大变化，O—O 和 H—C 两个键的距离被拉长而 O—H 间的距离在缩短，最后在产物结构中，O_2 被吸附在表面的 H 原子彻底活化，并且结合 H 形成了 OOH 基团，形成的 OOH 分子化学吸附在氮杂石墨烯表面。最稳定的吸附位是与掺杂的 N 原子相连的 C 原子的顶位。由于 OOH 的吸附，使得该 C 原子突出于表面，C—O 距离为 1.484Å。

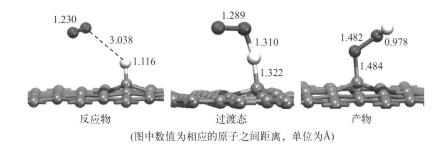

反应物　　　　　　　　过渡态　　　　　　　　产物

(图中数值为相应的原子之间距离，单位为Å)

图8-2 在氮杂石墨烯表面优化得到的O_2加H还原为OOH的反应物、产物和过渡态结构

(红色、白色、灰色和蓝色的球分别代表O、H、C和N原子)

OOH 的形成步骤对于氮杂石墨烯的 ORR 催化过程是很关键的一步。稳定的吸附并且形成化学键是化学反应得以进行的前提条件[15]。这一反应的反应能及活化能分别为 –0.96eV 和 0.63eV（表 8-1）。这就意味着该反应是一个放热反应，且活化能不大。无论从动力学还是热力学的角度来看，该反应都是 O_2 最适合的反应通道。因此，在氮杂石墨烯上吸附的 O_2 更容易被还原成为 OOH，而不是解离为 O 原子。

吸附的 $OOH_{(ads)}$ 也有两种可能的反应路径：一种是再结合一个 H 原子继续被还原成为 H_2O_2，这是一个二电子反应路径；另一种可能是断裂 O—OH 键，形成的最终产物为 H_2O。这是一个四电子反应路径。

表8-1 各基元反应的反应能（ΔE）和活化能（E_a）

反应步骤	$\Delta E/\mathrm{eV}$	E_a/eV
$O_2 + H_{(ads)} \longrightarrow OOH_{(ads)}$	–0.96	0.63
$OOH_{(ads)} \longrightarrow O_{(ads)} + OH_{(ads)}$	0.25	1.18
$OOH_{(ads)} + H_{(ads)} \longrightarrow O_{(ads)} + H_2O$	–2.99	0.55
$OOH_{(ads)} + H_{(ads)} \longrightarrow 2OH_{(ads)}$	–2.91	0.72
$O_{(ads)} + H_{(ads)} \longrightarrow OH_{(ads)}$	–2.21	0.54
$OH_{(ads)} + H_{(ads)} \longrightarrow H_2O$	–2.23	0.82
$OOH_{(ads)} + H_{(ads)} \longrightarrow OOH + H_{(ads)}$	0.16	0.23
$OOH + H_{(ads)} \longrightarrow H_2O_2$	–2.21	0.09
$H_2O_2 \longrightarrow 2OH_{(ads)}$	–0.48	1.39

8.2.3 二电子还原路径

当 OOH 稳定吸附在氮杂石墨烯表面后，再把另一个 H 原子引入到体系当中。H 原子被放置在与表面较近的那个 O 原子的附近，如图 8-3a 所示。优化后便生成了产物 H_2O_2，最终的优化结构示于图 8-3c。从图中可以看出，生成的 H_2O_2 远离了表面，该分子与表面的最近距离为 3.411Å，没有搜索到这一反应步的过渡态，也没有找到有文献报道关于氮杂碳材料催化剂上形成 H_2O_2 的活化能。事实上，这一反应步骤并不是一个基元反应，而是包括两个步骤。首先，吸附的 OOH 要从表面上脱附下来，如图

8-3b 所示，脱附后的 OOH 到表面的距离由原来的 1.484Å 增加到 2.561Å，其中的 O—O 键长从原来的 1.482Å 缩短到 1.393Å。然后，脱附的 OOH 结合吸附在表面上的 H 原子形成了 H_2O_2，同时 O—O 键又增长到 1.473Å。从计算结果来看，H_2O_2 的形成遵循的是直接的 Eley-Rideal（ER）机理，而不是 Langmuir-Hinshelwood（LH）机理。所谓的 ER 机理[35] 就是一个气相的反应物分子与一个化学吸附的粒子发生反应，而 LH 机理[36,37] 是指发生反应的两种粒子都是吸附在表面上的。这两步反应的示意图表示在图 8-3 中。从图中可以看到，OOH 的脱附是一个吸热过程，要吸收 0.16eV 的能量。该脱附过程的活化能为 0.23eV。而 OOH 的还原步骤是一个放热的过程，释放大量的热（2.21eV）。但该过程的活化能却很小，只有 0.09eV。综合这两步骤的结果，H_2O_2 的形成过程需要克服的最大活化能只有 0.23eV，显然这是非常容易实现的。因此，在氮杂石墨烯表面上的 ORR 很可能是沿二电子反应路径实现的。但是，如果形成的 H_2O_2 分子很容易断裂 O—O 键而形成 OH 基团，那么，ORR 仍然可能是一个四电子路径。因此紧接着考察了 H_2O_2 的解离。

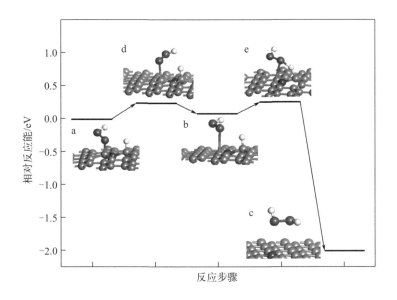

图8-3 OOH还原为H_2O_2的相对反应能和活化能以及优化得到的反应物、产物和过渡态结构
a—吸附的OOH和H；b—吸附的H和脱附的OOH；c—生成的H_2O_2；d，e—两个反应的过渡态
（红色、白色、灰色和蓝色的球分别代表O、H、C和N原子）

H_2O_2 的解离产物是两个 OH 基团。这两个 OH 基团都吸附在与 N 原子相连的 C 原子上。H_2O_2 解离反应的反应能和活化能分别为 –0.48eV 和 1.39eV。可见该反应是一个放热反应，但具有很高的活化能，在燃料电池的工作条件下这一活化能很难被克服。可见 H_2O_2 的解离反应很难实现，即在氮杂石墨烯表面进行的 ORR 很可能以二电子路径来实现。文献中也有一些理论及实验研究得到这样的结论[38, 39]。比较整个二电子路径（即 O_2 (ads) $\longrightarrow$ OOH (ads) $\longrightarrow$ OOH $\longrightarrow$ H_2O_2）的每个基元步骤的活化能，不难发现 O_2 (ads) 还原形成 OOH (ads) 具有最大活化能（0.63eV）。因此，该反应是整个二电子还原路径的决速步骤。

8.2.4 四电子还原路径

OOH 中 O—OH 键的断裂是非常重要的一步，因为这将决定反应能否以四电子路径进行。OOH (ads) 有三种可能的解离通道。OOH (ads) 的直接解离产物为 O 和 OH 基团。这两种产物都可以化学吸附在掺杂的表面上，最稳定的吸附位是与 N 原子相连的 C 原子的顶位。表 8-1 的计算表明，该反应是一个略微吸热的反应，需要吸收 0.25eV 的热量。但该反应的活化能却很高，达到了 1.18eV。在燃料电池的工作环境下（温度大约 350K），这一活化能是比较难克服的。这将意味着在氮杂石墨烯表面上 OOH (ads) 的直接解离很难以有效的反应速率进行。Zhang 等[40]也发现即使在 Pt 表面上，OOH 的直接解离也是在动力学上制约氧还原反应速率的决速步骤。

O—OH 键除了直接断裂外，OOH (ads) 还可以在引入的 H 原子的帮助下发生解离，这种解离称为加氢解离反应。把一个 H 原子引入到 OOH (ads) 吸附的体系中。这个 H 原子可以任意移动，可能移动到 OOH (ads) 中与 H 相连的那个 O 原子附近，如图 8-4A 所示。当然，也可能移到另一个与表面相连的 O 原子的附近，如图 8-4C 所示。第一个反应用方程式表示为 OOH (ads) $+H^++e^- \longrightarrow$ O (ads) $+H_2O$。优化后的最终结构表示在图 8-4B 中。从图中可以看到，OOH (ads) 中的 O—O 键已经断裂，原来与表面 C 原子连接的 O 原子仍然吸附在 C 原子的顶位，而 OH 部分则与引入的 H 原子结合生成了水分子。生成的水分子扩散到离表面较远的地方，与表面

的最近距离为 3.124Å。两个 O 原子之间的距离达到 1.981Å，O—O 键已经
完全断裂。后一个反应可以表示为方程式 OOH$_{(ads)}$+H$^+$+e$^-$ $\longrightarrow$ 2OH$_{(ads)}$。
最终的优化结构显示在图 8-4D 中。从图中可以看到，原来与 C 原子相连
的 O 原子结合了引入的 H 原子形成了 OH 基团，生成的 OH 仍然吸附在
该 C 原子上，而原来的 OH 部分则离开，吸附到与 N 原子相连的另一个
C 原子的顶位上。O—O 之间的距离达到 2.731Å，表明 O—O 键也已经彻
底断裂。

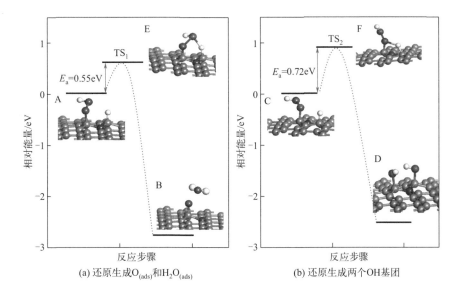

图8-4 OOH还原反应的相对反应能和活化能以及优化得到的反应物、产物
和过渡态（TS）结构

（红色、白色、灰色和蓝色的球分别代表O、H、C和N原子）

以上两个反应的能量示意分别表示在图 8-4（a）、（b）中。两个反应
的反应能分别为 −2.99eV 和 −2.91eV，说明两个反应都是放出大量的热，
是热力学有利反应。两个反应的解离活化能分别为 0.55eV 和 0.72eV，相
应的过渡态结构示于图 8-4E 和图 8-4F。可见，加氢解离反应的活化能
都要远低于直接解离的活化能（1.18eV）。因此，无论从动力学还是热力
学的角度，O—OH 键的断裂都更趋向于加氢解离通道而非直接解离。比
较这三种解离路径，生成 H$_2$O 分子和 O 原子的解离反应具有最小的解离
活化能。因此该反应会优先发生。从图 8-4（a）中的 B 可以看到生成的

H_2O 远离了表面。因此在之后的还原步骤中只考虑单个的 O 原子，而不考虑 O 与 H_2O 的相互作用。

单个 O 原子的最稳定吸附位也是与 N 原子相连的 C 原子的顶位，吸附能为 −3.36eV。进一步引入一个 H 原子到体系中，并将 H 原子放在离 $O_{(ads)}$ 原子较近的位置。经过优化，$O_{(ads)}$ 原子与 H 原子结合生成 OH。生成的 OH 仍然吸附在 C 原子上，吸附能为 −1.53eV。当另外一个 H 原子继续被引入到体系中后，$OH_{(ads)}$ 继续被还原，这时生成了第二个 H_2O。生成的 H_2O 如同第一个 H_2O 一样远离了表面，离表面的最近距离是 3.12Å。图 8-5 给出了 $O_{(ads)}$ 及 $OH_{(ads)}$ 还原反应的始态、过渡态和终态结构，以及相应的反应能和活化能。

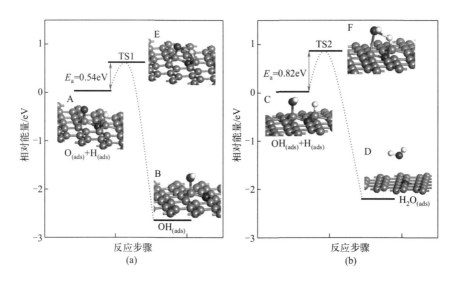

图8-5 $O_{(ads)}$（a）和 $OH_{(ads)}$（b）还原反应的相对反应能和活化能以及优化得到的反应物、产物和过渡态结构

（红色、白色、灰色和蓝色的球分别代表 O、H、C 和 N 原子）

比较所有反应的活化能，可以发现能量最低的四电子反应路径为 O_2 分子还原成 OOH，OOH 加氢解离为 O 和 H_2O，O 还原生成 OH，OH 继续被还原生成第二个 H_2O（即 $O_{2(ads)} \longrightarrow OOH_{(ads)} \longrightarrow O_{(ads)} + H_2O \longrightarrow OH_{(ads)} + H_2O \longrightarrow 2H_2O$）。其中，OH 的还原反应具有最大活化能（0.82eV）。因此，OH 的还原成为四电子还原路径的决速步骤。这一结果与 ORR 在 Pt 表面上的情形是一样的[29, 31]。

8.3 ORR催化性能

本章工作主要研究了类石墨型氮杂石墨烯的 ORR 机理。考察了所有可能的反应通道以及每一基元步骤的活化能。结果证明氮杂石墨烯本身确实具有氧还原催化活性。活性中心为与掺杂的 N 原子相连的 C 原子。在氮杂石墨烯催化剂上氧还原反应既可以通过二电子反应路径也可以通过四电子反应通道来完成，即 H_2O 和 H_2O_2 都会出现在氧还原反应的产物当中。比较来看，OOH 还原生成 H_2O_2 比 O—OH 键的断裂更加容易，前者遵循 ER 机理，活化能很小，只有 0.09eV。整个二电子反应通道的决速步骤是 $O_{2(ads)}$ 还原生成 $OOH_{(ads)}$，活化能为 0.63eV。而四电子反应通道的决速步骤为 $OH_{(ads)}$ 的还原，活化能为 0.82eV。比较两种反应通道决速步骤的活化能，不难发现在氮杂石墨烯表面氧还原反应以二电子通道进行比四电子通道更容易。

参考文献

[1] Qu L, Liu Y, Baek J-B, et al. Nitrogen-Doped Graphene as Efficient Metal-Free Electrocatalyst for Oxygen Reduction in Fuel Cells. ACS Nano, 2010, 4 (3): 1321-1326.

[2] Chen S, Bi J, Zhao Y, et al. Nitrogen-Doped Carbon Nanocages as Efficient Metal-Free Electrocatalysts for Oxygen Reduction Reaction. Advanced Materials, 2012, 24 (41): 5593-5597.

[3] Wang Z, Jia R, Zheng J, et al. Nitrogen-Promoted Self-Assembly of N-Doped Carbon Nanotubes and Their Intrinsic Catalysis for Oxygen Reduction in Fuel Cells. Acs Nano, 2011, 5 (3): 1677-1684.

[4] Vanin M, Gath J, Thygesen K S, et al. First-Principles Calculations of Graphene Nanoribbons in Gaseous Environments: Structural and Electronic Properties. Physical Review B, 2011, 82 (19): 195411: 1-195411: 6.

[5] Niwa H, Kobayashi M, Horiba K, et al. X-Ray Photoemission Spectroscopy Analysis of N-Containing Carbon-Based Cathode Catalysts for Polymer Electrolyte Fuel Cells. Journal of Power Sources, 2011, 196 (3): 1006-1011.

[6] Ma G, Jia R, Zhao J, et al. Nitrogen-Doped Hollow Carbon Nanoparticles with

Excellent Oxygen Reduction Performances and Their Electrocatalytic Kinetics. Journal of Physical Chemistry C, 2011, 115 (50): 25148-25154.

[7] Geng D S, Chen Y, Chen Y G, et al. High Oxygen-Reduction Activity and Durability of Nitrogen-Doped Graphene. Energy & Environmental Science, 2011, 4 (3): 760-764.

[8] Wang Y, Shao Y Y, Matson D W, et al. Nitrogen-Doped Graphene and Its Application in Electrochemical Biosensing. Acs Nano, 2010, 4 (4): 1790-1798.

[9] Tang Y F, Allen B L, Kauffman D R, et al. Electrocatalytic Activity of Nitrogen-Doped Carbon Nanotube Cups. Journal of the American Chemical Society, 2009, 131 (37): 13200-13201.

[10] Niwa H, Horiba K, Harada Y, et al. X-Ray Absorption Analysis of Nitrogen Contribution to Oxygen Reduction Reaction in Carbon Alloy Cathode Catalysts for Polymer Electrolyte Fuel Cells. Journal of power sources, 2009, 187 (1): 93-97.

[11] Kundu S, Nagaiah T C, Xia W, et al. Electrocatalytic Activity and Stability of Nitrogen-Containing Carbon Nanotubes in the Oxygen Reduction Reaction. Journal of Physical Chemistry C, 2009, 113 (32): 14302-14310.

[12] Gong K P, Du F, Xia Z H, et al. Nitrogen-Doped Carbon Nanotube Arrays with High Electrocatalytic Activity for Oxygen Reduction. Science, 2009, 323 (5915): 760-764.

[13] Matter P H, Ozkan U S. Non-Metal Catalysts for Dioxygen Reduction in an Acidic Electrolyte. Catalysis letters, 2006, 109 (3-4): 115-123.

[14] Maldonado S, Stevenson K J. Influence of Nitrogen Doping on Oxygen Reduction Electrocatalysis at Carbon Nanofiber Electrodes. Journal of Physical Chemistry B. 2005, 109 (10): 4707-4716.

[15] Zhang S, Zhang H, Liu Q, et al. Fe–N Doped Carbon Nanotube/Graphene Composite: Facile Synthesis and Superior Electrocatalytic Activity. Journal of Materials Chemistry A, 2013, 1 (10): 3302-3308.

[16] Deng D H, Pan X L, Yu L A, et al. Toward N-Doped Graphene Via Solvothermal Synthesis. Chemistry of Materials, 2011, 23 (5): 1188-1193.

[17] Lee K R, Lee K U, Lee J W, et al. Electrochemical Oxygen Reduction on Nitrogen Doped Graphene Sheets in Acid Media. Electrochemistry Communications, 2010, 12 (8): 1052-1055.

[18] Zhang L, Xia Z. Mechanisms of Oxygen Reduction Reaction on Nitrogen-Doped Graphene for Fuel Cells. Journal of Physical Chemistry C, 2011, 115 (22): 11170-11176.

[19] Kim H, Lee K, Woo S I, et al. On the Mechanism of Enhanced Oxygen Reduction Reaction in Nitrogen-Doped Graphene Nanoribbons. Physical Chemistry Chemical Physics, 2011, 13 (39): 17505-17510.

[20] Ikeda T, Boero M, Huang S F, et al. Carbon Alloy Catalysts: Active Sites for Oxygen Reduction Reaction. Journal of Physical Chemistry C, 2008, 112 (38): 14706-14709.

[21] Lai L, Potts J R, Zhan D, et al. Exploration of the Active Center Structure of Nitrogen-Doped Graphene-Based Catalysts for Oxygen Reduction Reaction. Energy & Environmental Science, 2012, 5 (7): 7936-7942.

[22] Xu Z, Li H, Fu M, et al. Nitrogen-Doped Carbon Nanotubes Synthesized by Pyrolysis of Nitrogen-Rich Metal Phthalocyanine Derivatives for Oxygen Reduction. Journal of Materials Chemistry, 2012, 22 (35): 18230-18236.

[23] Sidik R A, Anderson A B, Subramanian N P, et al. O_2 Reduction on Graphite and Nitrogen-Doped Graphite: Experiment and Theory. Journal of Physical Chemistry B, 2006, 110 (4): 1787-1793.

[24] Okamoto Y. First-Principles Molecular Dynamics Simulation of O_2 Reduction on Nitrogen-Doped Carbon. Applied Surface Science, 2009, 256 (1): 335-341.

[25] Luo Z, Lim S, Tian Z, et al. Pyridinic N Doped Graphene: Synthesis, Electronic Structure, and Electrocatalytic Property. Journal of Materials Chemistry, 2011, 21 (22): 8038-8044.

[26] Sidik R A, Anderson A B, Subramanian N P, et al. O_2 Reduction on Graphite and Nitrogen-Doped Graphite: Experiment and Theory. Journal of Physical Chemistry B, 2006, 110 (4): 1787-1793.

[27] Dai J Y, Yuan J M. Adsorption of Molecular Oxygen on Doped Graphene: Atomic, Electronic, and Magnetic Properties. Physical Review B, 2010, 81 (16): 165414.

[28] Damjanovic A, Brusic V. Electrode Kinetics of Oxygen Reduction on Oxide-Free Platinum Electrodes. Electrochimica Acta, 1967, 12 (6): 615-628.

[29] Hyman M P, Medlin J W. Mechanistic Study of the Electrochemical Oxygen Reduction Reaction on Pt (111) Using Density Functional Theory. Journal of Physical Chemistry B, 2006, 110 (31): 15338-15344.

[30] Jacob T, Goddard W A. Water Formation on Pt and Pt-Based Alloys: A Theoretical Description of a Catalytic Reaction. ChemPhysChem, 2006, 7 (5): 992-1005.

[31] Nilekar A U, Mavrikakis M. Improved Oxygen Reduction Reactivity of Platinum Monolayers on Transition Metal Surfaces. Surface Science, 2008, 602 (14): L89-L94.

[32] Tripković V, Skúlason E, Siahrostami S, et al. The Oxygen Reduction Reaction Mechanism on Pt (111) from Density Functional Theory Calculations. Electrochimica Acta, 2010, 55 (27): 7975-7981.

[33] Wang J, Markovic N, Adzic R. Kinetic Analysis of Oxygen Reduction on Pt (111) in Acid Solutions: Intrinsic Kinetic Parameters and Anion Adsorption Effects. Journal of Physical Chemistry B, 2004, 108 (13): 4127-4133.

[34] Wang Y, Balbuena P B. Ab Initio Molecular Dynamics Simulations of the Oxygen Reduction Reaction on a Pt (111) Surface in the Presence of Hydrated Hydronium $(H_3O)+(H_2O)_2$: Direct or Series Pathway? Journal of Physical Chemistry B, 2005, 109 (31): 14896-14907.

[35] Eley D, Rideal E. Parahydrogen Conversion on Tungsten. Nature, 1940, 146 (3699): 401-402.

[36] Kuipers E, Vardi A, Danon A, et al. Surface-Molecule Proton Transfer: A Demonstration of the Eley-Rideal Mechanism. Physical Review Letters, 1991, 66 (1): 116.

[37] Meijer A J H M, Farebrother A J, Clary D C, et al. Time-Dependent Quantum Mechanical Calculations on the Formation of Molecular Hydrogen on a Graphite Surface Via an Eley-Rideal Mechanism. Journal of Physical Chemistry A, 2001, 105 (11): 2173-218.

[38] Lai L, Potts J R, Zhan D, et al. Exploration of the Active Center Structure of Nitrogen-Doped Graphene-Based Catalysts for Oxygen Reduction Reaction. Energy & Environmental Science, 2012, 5 (7): 7936-7942.

[39] Sidik R A, Anderson A B, Subramanian N P, et al. O_2 Reduction on Graphite and Nitrogen-Doped Graphite: Experiment and Theory. Journal of Physical Chemistry B, 2006, 110 (4): 1787-1793.

[40] Zhang J, Vukmirovic M B, Xu Y, et al. Controlling the Catalytic Activity of Platinum-Monolayer Electrocatalysts for Oxygen Reduction with Different Substrates. Angewandte Chemie International Edition, 2005, 44(14): 2132-2135.